OECD Reviews of Risk Management Policies
JAPAN 2009
LARGE-SCALE FLOODS AND EARTHQUAKES

OECD风险管理策略评述
2009，日本大洪水与地震

Organisation for Economic Cooperation and Development 著

胡昌伟　刘媛媛　刘业森　译

·北京·

北京市版权局著作权合同登记号：01-2020-0269

英文版原稿由 OECD 出版，标题如下：

OECD Reviews of Risk Management Policies：Japan 2009. Large-Scale Floods and Earthquakes

图书在版编目（ＣＩＰ）数据

OECD风险管理策略评述：2009，日本大洪水与地震 / 经济合作与发展组织(OECD)著；胡昌伟，刘媛媛，刘业森译. -- 北京：中国水利水电出版社，2019.12

书名原文：OECD Reviews of Risk Management Policies: Japan 2009. Large-Scale Floods and Earthquakes

ISBN 978-7-5170-8361-0

Ⅰ. ①0… Ⅱ. ①经… ②胡… ③刘… ④刘… Ⅲ. ①灾害管理－风险管理－研究－日本 Ⅳ. ①X4

中国版本图书馆CIP数据核字(2019)第297444号

审图号：GS（2020）731 号

书　　名	**OECD 风险管理策略评述** **2009，日本大洪水与地震** OECD FENGXIAN GUANLI CELÜE PINGSHU 2009，RIBEN DA HONGSHUI YU DIZHEN
原书名	OECD Reviews of Risk Management Policies：Japan 2009 Large-Scale Floods and Earthquakes
原　　著	Organisation for Economic Cooperation and Development（OECD）　著
译　　者	胡昌伟　刘媛媛　刘业森
出版发行	中国水利水电出版社 （北京市海淀区玉渊潭南路 1 号 D 座　100038） 网址：www. waterpub. com. cn E-mail：sales@waterpub. com. cn 电话：(010) 68367658（营销中心）
经　　售	北京科水图书销售中心（零售） 电话：(010) 88383994、63202643、68545874 全国各地新华书店和相关出版物销售网点
排　　版	中国水利水电出版社微机排版中心
印　　刷	清淞永业（天津）印刷有限公司
规　　格	170mm×240mm　16 开本　10.5 印张　200 千字
版　　次	2019 年 12 月第 1 版　2019 年 12 月第 1 次印刷
印　　数	0001—1000 册
定　　价	**48.00 元**

经济合作与发展组织

经济合作与发展组织（Organisation for Economic Cooperation and Development，OECD）是一个由30个成员国共同组成的特殊组织，旨在共同应对发生在经济、社会和环境领域的全球化挑战。OECD 也在努力了解并帮助各国政府应对新的发展以及各国共同关注的问题，如公司管理、经济信息化和人口老龄化挑战等。该组织提供了一个平台，在这个平台上各国政府分享政策上的经验，寻求共性问题的解决方案，找到好的操作方法，致力于协调好本国国内以及国际之间的政策。

OECD 成员国包括澳大利亚、奥地利、比利时、加拿大、捷克、丹麦、芬兰、法国、德国、希腊、匈牙利、冰岛、爱尔兰、意大利、日本、韩国、卢森堡、墨西哥、荷兰、新西兰、挪威、波兰、葡萄牙、斯洛伐克、西班牙、瑞典、土耳其、瑞士、英国和美国。另外，欧洲联盟委员会也参与到 OECD 的工作中。

OECD 出版了一系列出版物，宣传本组织关于经济、社会和环境问题收集的资料和相关研究成果，以及成员国达成一致的公约、指南和标准。

本书表达的观点和引用的论据并不反映官方组织及其成员国政府的意见。

前　言

本书是经济合作与发展组织（Organisation for Economic Cooperation and Development，OECD）国际未来项目关于风险管理政策丛书的第三卷。它研究了日本两项自然灾害管理的案例：第一项是大洪水研究，第二项是地震研究。之前的两卷分别是《挪威：信息安全》和《瑞典：老年人的安全》。

2003 年 10 月，OECD 开始了国际未来项目研究，对风险管理政策的进行研究，旨在协助 OECD 各成员国识别 21 世纪面临的管理风险方面的新挑战，并帮助他们应对这些挑战。项目由一个来自不同政府部门和机构的代表构成的督导组进行监督，其工作重点是研究各成员国风险管理政策的连续性及识别并适应风险变化的能力。项目采用多学科方法，分析成员国如何应对现在以及未来所面临的各种挑战，如自然灾害、基础设施和脆弱人群等方面的风险。本国评述分为两个阶段：第一阶段收集背景材料，进行讨论和筛选，并由政府部门采用问卷调查的方式对风险管理的政策进行自我评估；第二阶段 OECD 评述小组进行一系列访谈。

本次关于日本大洪水和地震风险管理政策的评述是应日本内阁办公室和国土交通省（MLIT）请求而进行的。日本境内灾害性天气和地震多发，受影响人口多，风险管理问题显得尤其重要。近年来，日本降水量显著增加，台风等极端天气事件频发，增加了发生大洪水灾害的可能性。同时，日本是世界上地震多发国家之一。最近的大规模灾难性事件是 1995 年神户大地震，该事件造成 6000 多人死亡。

第一阶段背景研究的结果为第二阶段的深度访谈奠定了基础。第二阶段的访谈由两个国际评述小组分别于 2007 年 5 月 14—19 日和 2007 年 5 月 20—26 日进行。评述小组对日本大洪水和地震相关的灾害管理政策（即日本风险管理体系）进行全面评估。评述小组提交了关于调查结果和给日本政府的建议的中期报告以及两份报告草案。最终报告分为大洪水和地震两部分访谈的调查结果、结论和建议。第一部分（大洪水）和第二部分（地震）都包括日本风险管理体系的五项内容：第一为日本整体政策框架；第二为风险评估和宣传；第三为防灾工程措施；第四为应急准备和应急响应策略；第五为灾后重建和损失赔偿。

每项内容又进一步分为几个小节。评述小组进行总体分析，展示了调查结果，对具体政策提出建议，并提出这些建议付诸实践的可能性。报告不仅关注日本洪水和地震风险管理的改进，还尝试找到能够推广到OECD其他成员国的风险管理方法和政策。

日本的抗震建筑、防洪设施（河道和堤防、蓄滞洪区、大坝、超级堤防等）方面的工程技术世界闻名。日本在使用高精技术进行洪水和地震预警、数据收集和分析、风险评估和宣传方面世界领先。因此，日本防洪和抗震工程措施发展迅速，然而，近年来其预算显著减少。

随着防洪抗震经验的积累，日本不断地调整其法律法规，升级洪水和地震风险管理技术。日本已经建立起一个包含预防、减缓、准备、响应、恢复和重建的完整的灾害管理体系，这个体系加强国家领导和多部门协调，使日本能够应对频繁发生的中小洪水。

然而，在某些方面，日本现在进入了一个新的时代。气候变化可能导致海平面上升，再加上城市人口密度增加和人口老龄化，日本受洪水和地震的威胁可能增加。同时，由于政府权力下放、私有化和体制改革，风险评估、准备、预防和响应的责任逐步分散到不同的部门。因此，日本越来越需要关注未来大洪水和大地震的可能性和后果及其应对能力。这意味着在防洪工程和技术方面需要有针对性的投资。但是，尤其需要改进洪水和地震风险管理非工程措施，特别是政策连贯性、不同级别政府部门之间的协调、法律透明度、脆弱性评估、应急组织和宣传，以及灾后恢复阶段的预案和准备。

在财政紧缩和削减公共投资的压力下，根据重要社会和基础设施需求优化分配资源并不容易。然而，应对自然灾害的资源需要维持和再分配，甚至在某些情况下还需要增加。确实，鉴于灾害恢复成本显著增加，需要付出更大努力来加强防灾减灾工程措施和非工程措施。

这些努力包括：

（1）更准确地预测气候变化对洪水、台风、暴风雨、海啸等自然灾害发生频率和规模的不良影响，即使未来几十年日本人口下降。

（2）更好地整合风险管理政策，并考虑可能出现的最坏结果——例如：严重地震引发大洪水会怎么样？或者大洪水和严重流行病同时爆发会怎么样?

（3）保持对抗震设施、堤防、水闸或其他需要优先对待的保护措施等工程措施的持续投资和维护。但是在某些情况下，职责分工、地方能力建设、疏散程序、与利益相关者的协商、建筑规范的使用等非工程措施应该得到更多关注和更多资源。

在日本当前预算减少的背景下，还有很多选择:

（1）将地震和洪水风险管理现有的好的方法，例如成立管理委员会、技术调查委员会等组织形式，推广到其他风险领域（如传染病、恐怖事件、技术事故、金融风险或社会风险）。

（2）加强内阁办公室和内阁秘书处的风险监测和多风险政策协调的职能。

（3）充分利用有形基础设施（供水、交通、天然气、电力、电信）大型投资机会，考虑到新的风险带来的挑战，加强风险管理长期措施。这些措施可能包括:基于现有风险和脆弱性的土地使用和城市规划措施;更适合脆弱人群的基础设施;更积极探寻高效及更有弹性的管理体系。

每一次评述，都对国家政府内阁办公室、相关政府部门和机构、区域和地方国土交通省的相关工作人员进行访谈。关于洪水的评述，还对东京和埼玉县当地政府的代表进行了访谈。参与访谈的企业涉及建筑、制造和保险公司。评述小组还出席了利根川（日本第二大河）上进行的一次大规模防洪演习。

大洪水风险管理政策的评述小组由咨询工程师和洪水管理专家 Yves Kovacs 博士牵头，小组成员包括民事保护和危机管理资深顾问、前瑞典救援服务处处长 Ulf Bjurman、OECD 秘书处风险管理政策顾问 Reza Lahidji 和名古屋大学防洪对策研究教授 Tsujimoto。地震风险管理政策的评述小组由 Reza Lahidji 牵头，小组成员包括京都大学灾害预防研究所所长 Yoshiaki Kawata、OECD 秘书处资深经济学家 Nikolaï Malyshev。OECD 秘书处 Pierre - Alain Schieb 担任项目经理，Barrie Stevens 提供总体指导。他们在日本的同事 Kazuhisa Ito、Ichizo Kobayashi、Anita Gibson 和 Lucy Krawcsyfe 对整个项目提供技术支持。Jack Radisch 和 Jenny Leger 在出版物的编辑和排版上提供了帮助。

评述小组应该感谢内阁办公室、中央政府部门和机构，以及当地的分支机构，包括东京和埼玉县在内的地区政府部门、企业、研究所和组织等的代表，他们在访谈中提供了有价值的信息。评述小组还尤其感谢灾害管理局、内阁办公室和国土交通省给 OECD 督导组在风险管理政策会议提供的建议和评论。

这两部分报告还必须感谢 OECD 未来项目督导组（附录 Ⅱ.4）的指导和 OECD 国际未来项目（OECD International Futures Programme）员工在编辑方面的协助。

缩写和组织名称

AIST 国家高级工业科学技术研究所 National Institute of Advanced Industrial Science and Technology

ANSI/NFPA 美国国家灾难标准/应急管理和业务连续性计划 American National Standard for Disaster/Emergency Management and Business Continuity Programs

Bank of Japan 日本银行

BCP 业务连续性计划 Business Continuity Programs

BS 英国标准 British Standard

BZK 内政及王国关系部（荷兰）Ministry of the Interior and Kingdom Relations（Netherlands）

CalARP 加州故障性泄漏事件预防 California Accidental Release Prevention

CAO 日本内阁办公室 Cabinet Office（Japan）

CAT Bond 巨灾债券 Catastrophe Bond

CCS 民事紧急情况秘书处（英国）Civil Contingencies Secretariat（United Kingdom）

CDF 可展延债券 Contingent Debt Facility

CDMC 中央灾害管理委员会 Central Disaster Management Council

CEMAGREF 法国农业、农村工程、水利和森林研究所 French Institute for Agriculture，Rural Engineering，Water and Forests

CND Plan 国家全面发展计划 Comprehensive National Development Plan

DEFRA 环境和农村事务部 Department for Environment and Rural Affairs （United Kingdom）

DHI 丹麦液压研究所 Danish Hydraulic Institute

Diet 日本议会 Japanese Parliament

Disaster Prevention Research Institute，Kyoto University 京都大学防灾研究所

DSB 挪威民事保护和应急规划理事会 Norway's Directorate for civil Protection and Emergency planning

EC 欧洲委员会 European Commission

EEA　欧洲经济区 European Economic Area

EPTB　河流流域管理 Basin Territory River Administration

ESPACE　适应气候变化的欧洲空间规划 European Spatial Planning Adapting to Climate Events

FDMA　日本总务省消防厅 Fire and Disaster Management Agency（Japan）

FEMA　美国联邦紧急事务管理署 Federal Emergency Management Agency（United States）

GBP　英国英镑 Great Britain Pounds

GDP　国内生产总值 Gross Domestic Product

GEONET　GPS 地球观测网络系统 GPS Earth Observation Network System

GNP　国民生产总值 Gross National Product

GSI　地理测绘研究所 Geographical Survey Institute

HERP　日本地震调查研究推进总部 Headquarters for Earthquake Research Promotion

HIC　水利信息科学国际学术会议 International Conference on Hydro-Informatics

ICHARM　水利灾害和风险管理国际中心 International Centre for Water Hazards and Risk Management

ICPR　保护莱茵河国际委员会 International Commission for the Protection of the Rhine

ICT　信息通信技术 Information and Communication Technologies

IDI　日本国际开发中心 International Development Institute（Japan）

IPCC　日本政府间气候变化专门委员会 Intergovernmental Panel on Climate Change（Japan）

Japanese Red Cross Society　日本红十字协会

JMA　日本气象厅 Japan Meteorological Agency

JPY　日元 Japanese Yen

MLIT　日本国土交通省 Ministry of Land，Infrastructure and Transport（Japan）

NCC　荷兰国家协调中心 National Coordination Centre（Netherlands）

NFIP　美国国家洪水保险计划 National Flood Insurance Program（United States）

NFPA　国家防火保护协会 National Fire Protection Association

NGO 非政府组织 Non Government Organisation

NIED 日本国家地球科学和灾害预防研究中心 National Research Institute on Earth Science and Disaster Prevention

NPIC 荷兰国家公共信息中心 National Public Information Center (Netherlands)

OECD 经济合作和发展组织 Organisation for Economic Co-operation and Development

PES 政策评估体制 Policy Evaluation System

PRP 美国首选风险计划 Preferred Risk Program (United States)

PWRI 日本土木工程研究所 Public Works Research Institute (Japan)

RIA 监管影响分析 Regulatory Impact Analysis

RMS 风险管理方案公司 Risk Management Solutions Inc.

SME 中小企业 Small and Medium Enterprise

Swedish Rescue Services Agency 瑞典救援服务机构

UK 英国 United Kingdom

UNEP 联合国环境规划署 United Nations Environment Programme

UNESCO 联合国教科文组织 United Nations Educational，Scientific and Cultural Organization

UN/SDR 联合国国际减灾战略 United Nations/International Strategy for Disaster Reduction

UNWWAP 联合国/世界水资源评估计划 United Nations/World Water Assessment Program

USA 美国 United States of America

目　　录

第二部分　地　　震

第一部分

大　洪　水

执 行 纲 要

与 OECD 的其他国家相比，日本的情况比较特殊。由于地理、地形和气候特点，日本国内台风、暴雨、大雪等灾害频发；同时，还长期受到严重洪灾的威胁。日本约 1/2 的人口和 3/4 的经济资产集中在洪水易发区，将近 550 万人口居住在海拔低于海平面的地区。

几个世纪以来，日本积累了先进的防洪经验。日本的抗震建筑、防洪设施方面的工程技术世界闻名。他在防洪工程（河道和堤防、蓄滞洪区，分洪河道、大坝以及超级大坝）建设方面，以及最近的防洪、水资源利用和环境保护的综合战略方面的成绩都世界闻名。日本在使用高精技术进行洪水和地震预警、数据收集和分析、风险评估和宣传、工程措施保护方面世界领先。因此，尽管近年来日本预算显著减少，但是其防洪和抗震工程措施发展显著。

随着防洪经验的积累，日本不断调整其法律法规，更新洪水风险管理技术。日本已经建立起一个包含预防、减缓、准备、应急、恢复和重建的"综合灾害管理体系（Total Disaster Management System）"，这个体系加强国家领导和多部门协调，使日本能够应对频繁发生的中小洪水。

然而，日本已经进入了一个新的时代，比如气候变化可能导致海平面上升、降水模式改变、极端天气事件增加，再加上城市人口密度增加和人口老龄化，面临洪水和地震等自然灾害时脆弱性增加。因此，日本越来越需要关注未来发生大洪水的可能性及其后果以及应对大洪水的能力。这意味着在防洪工程和技术方面需要更多的有针对性的投资。同时，需要加强洪水风险管理非工程措施，尤其是政策连续性、不同级别政府部门之间的协调、法律透明度、脆弱性评估、应急组织和宣传以及灾后恢复预案和准备。

1. 综合洪水风险管理

（1）中央政府跨部门防洪体系。

根据过去大规模灾害的经验教训，日本不断完善《灾害应对基本法》（Disaster Countermeasures Basic Act），形成"综合灾害管理体系"。该体系覆盖了灾害管理的全过程，即预防、减缓、准备、应急、恢复和重建，并且规定了中央政府和地方政府、防洪相关各公共和私人利益相关者的职责。

日本洪水风险管理总体策略由最高级别的内阁、内阁办公室共同制定，

2001 年以后中央灾害管理委员会也参与了总体策略的制定。这 3 个公共机构共同制定国家策略，协调各实施部门和机构的行动和政策。

1）调查结果。

要形成洪水灾害综合管理，需要多部门和机构参与，从而需要强有力的领导和协调能力。虽然中央政府负责国家政策的实施，但是仍然需要一套更系统化的监督和评价方法，以检验洪水风险综合管理措施的连贯性和效率。

2）行动契机。

目前，洪水风险管理中的保护、预防、准备以及响应等各阶段的责任分属中央各个部门。应当解决这种分割状态，加强内阁办公室协调能力，形成更紧密的合作。应当促进同一部门下不同单位，如国土交通省下属的河务局和土地利用局，进行更加紧密的合作，从而提高政策的整体实施效果。中央政府和地方政府都能在这种深入合作中受益。应该对不同部门采取的防洪措施进行评价，从而评估和保证与国家洪水风险管理总体战略的一致性。

建议 1：中央政府应加强协调能力，制定更有效的措施，保证灾害管理政策实施的连贯性。

（2）中央和地方政府之间行动和战略的协调。

根据《灾害应对基本法》，各县和市级政府在中央政府领导下制定本地灾害管理预案，并且本地灾害管理预案要与国家洪水风险管理总体战略保持一致。

还有些具体的法律体系，规定了中央和各级地方政府的职责。例如，《减灾法》针对应急阶段，而《河流法》面向针对河流治理项目，包括堤防或大坝等防洪设施的建造。

根据河流的重要性对河流进行分类，并确定相应的政府管理机构的级别。对于中小河流，洪水管理完全由地方政府即县和市政府负责。

对于重要的国家级 A 类河流，由于受洪水威胁的人口和经济资产众多，国土交通省（MLIT）负责制定防洪战略并管理必要的防洪措施。地方政府主要负责预防、准备和应急响应等措施的实施。

1）调查结果。

对于大洪水的预防和管理策略，应加强在预防、准备和应急响应过程中中央和地方各级相关部门的合作。目前，尽管河流防洪措施与日本较高的洪水风险相匹配，但是，地方政府、流域委员会（River Basin Committees）、利益相关者以及利益集团仍然存在更大的参与空间。

事实证明，在评估并整合以往经验的基础上，不断建立新法律，有助于改进灾害管理政策。然而，这种做法又导致了法律体系某些程度的零碎和分散，因此需要一个更清晰的职责概览，以提高整体清晰度。严密的法律体系，再加上经济和技术上的迫切需求，迫使地方部门不得不进行能力建设，以提高灾害管理措施的实施能力。在这方面，中央政府需要更适当的手段来评估和检查地方政策，并提供反馈和建议。

2）行动契机。

需要加强中央政府和地方政府之间的合作。为此，应该通过特定的培训和教育，来提高地方政府应对洪水的能力。

与此同时，可以建立一个体系。在这个体系内，指定类似"中央灾害管理委员会"这样的中央政府部门负责收集和监测地方政府的实际经验和协调机制，并评估和分析地方政府的需求和改进建议。

为使地方政府更容易理解国家风险管理策略，帮助他们准确理解各自的职责，应该考虑对现有法律进行综述，以提高其清晰度和条理性。还应考虑进一步发展并引入流域委员会，因为这种委员会在其他 OECD 成员国显现出较好的效果。

最后，堤防可能会被地震破坏，从而导致海平面以下的居民区发生严重洪水，所以需要将洪水风险和地震风险统一管理。

建议 2：有必要对流域进行综合洪水风险管理，加强地方政府能力建设，明确职责划分，促进各级政府和部门之间的信息共享和协作，并提高中央政府系统化的评估和分析能力。

（3）工程措施预算。

尽管在过去的 10 年，极端洪水灾害频频发生，灾后恢复的费用显著增加，但是，20 世纪 90 年代中期日本严重的财政危机仍然导致中央政府削减防洪方面的预算。在全国财政紧缩的背景下，虽然气候变化可能导致重大洪水灾害的风险大大增加，但是政府减少防洪预算的做法恐怕无法避免。

1）调查结果。

由于预算有限，再加上气候变化给防洪带来的挑战，应该确定相关工作的优先顺序，并不断寻找新的资金。虽然在新项目开始之前已经部分地进行包括成本效益分析在内的评估，并进行了公众宣传，但是，仍然需要系统地改进评估和宣传的手段。

此外，开始一个新项目时，应当明确非工程措施与工程措施相结合的必要性，并将其纳入成本效益分析当中，以便对项目预算进行适当的评估和分配。

2）行动契机。

在洪水风险管理决策过程中，应更系统地使用成本效益分析或多标标分析方法，并进行公众宣传。这将促进公众参与工程和非工程措施的规划以及建筑物的规划和建设。风险宣传中的这些要素也可以为地方政府在地方税收方面预算分配或决策提供依据。同时，还应评估在建设项目或洪水风险管理项目中非工程措施的附加效益。

建议 3：应使用多目标分析或成本效益分析等工具，促进宣传和对话，通过工程和非工程措施以及适当的财政预算，在可接受的防护安全等级和洪水风险管理财政预算之间达成共识。

2. 风险评估和宣传

（1）数据收集和早期预警信息技术。

国土交通省（MLIT）和日本气象厅（JMA）负责收集和监测降雨和水位信息，并为下级洪水管理部门提供洪水灾害预报。洪水灾害预报包括两个方面：一方面是通过洪水模型的模拟分析为实施长期策略提供支持；另一方面是通过实时预警为组织应急响应提供支持。

日本已经开始特别关注气候变化专门委员会（Intergovernmental Panel on Climate Change，IPCC）通过情景构建方法预测的气候变化可能产生的影响。

1）调查结果。

日本政府用于收集和宣传天气和洪水预警的技术水平非常高，能够实现有效的早期预警系统。

在制定洪灾防护和应急响应政策以及早期预警中，已经开始考虑了气候变化引起的大洪水风险。然而，这项工作还只处于起步阶段，还需要引起更多的重视。

2）行动契机。

中央政府的决策者和科学专家的合作应该在国家和国际层面得以强化，不断更新应对大洪水的信息技术和灾情感知系统（situation awareness systems），并考虑气候变化导致重大灾害的风险。

关于应急处理中的信息传播，可以考虑在早期预警阶段，发布防洪指南和技术数据，以便指导不同级别的应急响应行动，实现更全面、高效的跨部门合作。

建议 4：应继续努力保持高质量的信息技术研究、风险评估和宣传，包括早期预警手段，充分考虑气候变化导致的大洪水风险。

（2）综合考虑危险性、发生的概率和脆弱性的风险评估和风险图。

危险性评估是明智的举措，很多城市绘制了洪水风险图。此外，地方政府和经济利益相关者（如公共服务网络公司）已经针对中型洪水灾害开始进行脆弱性评估。

1）调查结果。

目前，在公共管理机构的三个层次上，针对脆弱群体既缺乏危险性评估也缺乏安全性评估。一些私营公司在重组工厂时决定离开洪水易发区，迁移到更安全的地区。

2）行动契机。

地方政府应该进行脆弱性评估，绘制包含危害度评估和脆弱性评估的洪水风险图。这种风险图是促进针对个人和经济利益相关者脆弱性评估的好方法。需要针对当地和个人（洪水易发区的每个家庭、建筑物、公司或任何利益相关者）进行脆弱性评估，以便在大洪水期间决策者采取工程措施和非工程措施（加行动方案）来减缓洪灾损失。

建议 5：地方政府需要在自然灾害危险性评估的基础上进行脆弱性评估，并向居民宣传洪水风险，从而通过工程措施和非工程措施，实现更有效的洪水风险管理和减灾体系。

3．防洪和减灾

（1）长期坚固的防洪工程措施。

由于较容易遭遇洪水，日本一直坚持采用工程防御措施。既注重修建用于提高河流防洪能力的防护工程（如堤防、大坝和蓄滞洪区等），也注重修建径流控制工程以平衡城市化引起的土壤不透水性的增加。

这些工程措施在很多情况下好处是显而易见的，降低了洪灾损失和灾后恢复成本。

最近，政府已经尝试将防洪工程纳入社会和自然环境中。

1）调查结果。

政府，具体来说国土交通省（MLIT）的长期目标是，根据河流大小和受威胁的资产数量，能够抵御 30 年一遇～200 年一遇的洪水。

目前的情况远达不到这个目标。而且，政府财政预算减少，城市易涝区进一步开发。气候变化引起的超过现有防洪工程的极端洪水事件增加，这些情况都有可能增加实现防洪目标的难度。

气候变化专门委员会（IPCC）第四次报告已经指出气候变化的严重影响，例如海平面上升以及极端暴雨。为应对气候变化的影响，已经进行了基础研究并成立了专家小组。但是，目前的工程措施规划并没有考虑这些研究结果。

2）行动契机。

为实现长期的防洪目标，需要持续进行工程措施的维护和建设并设定工程建设的优先等级，继续加强工程措施与自然景观和社会环境的融合。

应进一步加强非工程措施，提高工程措施的效率。

建议 6：目前，针对洪水的脆弱性以及洪灾风险的增加，尤其是考虑到气候变化，需要加大工程措施的投入，并加强工程措施与自然环境和社会环境的融合。

（2）进一步加强减灾措施。

通过土地利用、城市规划和建筑标准方面的措施，继续推进非工程措施，以减轻洪灾损失。

《城市规划法》（City Planning Law）和地方总体规划要求，洪水易发区原则上不应进行新的城市建设。

法律体系还规定了考虑自然灾害风险的建筑标准条例。

1）调查结果。

地方政府和利益相关者似乎已经开始关注并积极参与减灾行动。有很多主动采取降低脆弱性和减缓灾害损失的措施。

另外，大型工程（例如堤防、大坝或超级大坝）保护区的居民，可能产生一种与当地洪水风险程度不一致安全感。这些地区的人们，认为他们生活的地区是安全的，因而缺乏风险意识，也没有先进的减灾措施。一旦大洪水发生，情况会非常糟糕。因此，这些地区应该将工作重点放在风险意识宣传和非工程措施方面。建筑标准已经充分考虑了地震风险。由于越来越多的地区被确定为洪水易发区，建筑标准也越来越多地考虑洪水风险。

2）行动契机。

应加强对公众的风险宣传和沟通，以促进居民接受土地利用限制和建筑标准的规定。

洪涝易发区应避免集中脆弱人群以及相关设施（医院、养老院等），进一步降低洪水脆弱性。

有可能提高公共风险意识，减少大洪水灾害的损失。

建议7：目前亟需有效的非工程措施，健全防洪减灾措施，抵御洪水风险。

（3）危险行业相关的洪水风险。

洪水还可能导致污染物和有害物质的扩散。因此，需要特别小心工业场所产生的污染物扩散的风险。

与其他经合组织成员国类似，在日本，危险工业的选址和活动都受到严格的管制。这些管制包括强制性安全措施、安保措施和风险评估，特别是在地震等自然灾害中的风险评估。

1）调查结果。

工业区的划定受到详细的法律体系的约束。法律支持跨部门合作，并鼓励进行城市规划时要考虑经济和环境因素。

然而，在防洪工程保护区，依然存在大洪水的风险，但人们普遍认为防洪工程能够保证该地区的安全，因此没有针对土地所有者的具体的限制条款。同时，那些危险性企业，并没有系统地采取降低洪水风险的减灾措施。

2）行动契机。

政府应该积极宣传洪水灾害的后果，指导企业迁移到洪水不易发生的地区。

需要通过法律的形式，要求那些发生洪水时可能引发特殊危害的工业（如化学工业和核工业）企业迁移到更安全的地区。

此外，应鼓励洪灾风险地区更严格遵守《建筑标准法》，以减轻洪水的影响。

建议8：制定适用于危险工业活动的法规，应该要求经营者评估并管理与洪水相关的风险。

4. 应急响应

（1）洪灾期间的协作。

在日本，洪水应急响应是"综合灾害管理体系"的组成部分。该体系已经发展成为包含防灾、减灾、灾前准备、应急响应、灾后恢复和重建等环节的完整周期的管理体系，既包括洪水防范和河流管理，也包括应急响应管理。该体系确保了国家强有力的领导和多部门协调合作。然而，应急响应的执行责任由市政府承担，因为市政府与应急响应行动关系最为直接。市级政府之间达成互助协议，以在必要时提高市级政府的应急能力。

发生大洪水时，中央政府负责灾情共享和提供决策支持，为地方政府提供总体支持和指导，确保部门之间必要的合作和协调，并提供应对灾害所需的额外资源。中央政府会在"危机管理中心"迅速召集应急小组，记录和分析灾情。内阁办公室负责减灾活动的总体协调。同时，内阁秘书处根据"内阁信息收集中心"全天候（每天24小时）收集数据，向内阁提供灾情信息。

红十字会自行决定或根据辖区的请求，投入其救援力量。国土交通省（MLIT）可以根据需要，通过私营企业或志愿者的协助，对防洪工程进行快速修复。工程设施供应商和管理部门都有连续作业应急响应部门，其职能包括组织志愿者定期参加联合演练或演习。

为保障应急行动顺利开展，需要提前制订应急预案，例如，发布企业连续作业指南，或为志愿者举办演练活动。

1）调查结果。

日本的应急响应考虑了各种可能的不同量级的洪水灾害，并与洪水灾害管理周期的其他阶段（如减灾和风险评估等）衔接较好。

地方政府负责组织应急响应行动。当洪灾造成的损害超过其应对能力时，中央政府将提供额外的支持。

当大洪水发生时，内阁办公室和内阁秘书处合并成一个联合机构，以确保高效率工作。

因为地方政府应灾能力有限，当发生大洪水时需要更多部门的参与，因此需要随着洪水规模改变组织机构。另外，这需要非常充分的应急准备和明确的责任界定，即各部门相互协调的方式，确保组织机构的变化不会引起混乱。虽然《灾害应对基本法》中大致划分了各部门的职责，但是仍需要法律条款进一步明确不同级别机构在应急响应行动中的职责划分。尤其是对于地方决策者和普通民众，中央政府的领导作用应该更明显些。

因此，中央政府与地方政府之间的指挥链以及职责划分，应该更加清晰，使得参与灾害管理的所有人员能够理解，尤其是地方政府一级的人员。在访谈期间，不同部门的工作人员表现出强烈的参与救灾的决心和在各自职责范围内优秀的工作能力。然而，一些管理部门不关心或者不参与"综合灾害风险管理体系"内其他部门的职责。

2）行动契机。

特别是大洪水发生时，需要明确中央政府和地方政府之间的指挥链和责任界定。应该推广一些可以向地方政府提供协调和支持以增强其工作能力的工具，并使其更加透明化。

为加强中央政府在危机中指挥的协调性和一致性，还需要通过制定预案和联合演习，进行充分地准备。应加强对居民和地方工作者进行风险宣传。

当灾害发生时，需要一个一致的透明的体系，保障不同部门在救灾过程中的合作以及职责划分。除风险宣传外，还可通过演习和其他教育方案进一步加强对民众和志愿者的培训。

可以系统地推动城市之间抗洪行动协议。

建议9：应精简和优化应急指挥系统，对应急机制中各级政府部门的职责进行明确划分，并透明化。

（2）大洪水中的避难和疏散。

通过城市洪水风险图的发放和早期预警阶段实时信息技术的应用，可以告知市民，大洪水期间如何疏散并寻找避难场所。

1）调查结果。

为了组织疏散，地方救灾人员使用"洪水风险图"来确定水位、高风险区、脆弱地带以及避难所。县级防洪大队、市政消防和救援部门共同参与疏散工作。这些部门之间的合作尚未充分实现，工作人员所具备的知识通常仅限于每个职能部门的具体责任，而没有完整的"综合灾害管理体系"的知识。

为了增强居民风险意识，并让他们在洪水发生时具有自主疏散的能力，提前进行了应急响应演习。但是居民并没有全部参与演习，特别是在多年未发生洪水的地区。

另一个挑战是大规模疏散，因为难以进行适当的培训和准备工作。

2）行动契机。

对于大规模疏散，可能涉及众多应急力量的部署，需要各级政府部门联合行动，因此，需要通过适当的法律程序和协议，加强市级和县级政府之间的合作。

还应系统地提高当地利益相关者对自主疏散方法的认识。

建议 10：迫切需要为大洪水风险地区的居民提供充足的避难所和疏散路线，包括加强地方政府之间的合作。

（3）脆弱人群的应急响应。

身体、经济和文化上的脆弱性可能影响居民在洪水中的响应能力。

洪水多发地区的城市化进程加快，其他社会问题也改变着应急响应的环境，例如人口老龄化和脆弱人群数量增加。

1）调查结果。

2005 年日本修订了《防洪法》，特别考虑到洪水等紧急事件中的脆弱人群。新法律要求市级政府核查脆弱人群的配套设施（如养老院等），并制定当地灾害防治预案，提供灾害信息。

市级政府开始绘制脆弱人群分布图，以便了解脆弱人群（如残疾人、病人、老年人等）的信息，并将他们纳入救援计划，而不仅仅依靠他们自己互助。然而，这些图不够有效和全面，因为一些人不愿意对外宣传自己的弱点。

2）行动契机。

应加强市级福利机构和风险管理机构之间的合作，以便更好地考虑脆弱人群在应急过程中的需要。

建议 11：负责灾害应急响应、医疗卫生和福利的市级机构，应做更充足准备，以便为最脆弱的人群提供帮助。

5. 灾后恢复

（1）灾后重建方案的实施。

随着 1998 年《受灾者生活恢复支援法》（*The Act on Support for Livelihood Recovery of Disaster Victims*）的通过，以及《连续作业指南》的颁布，日本中央政府在定义和执行国家灾后恢复措施方面迈出了重要的一步。

1）调查结果。

目前，相关政策没有关注到灾后重建指南的准备和需求。灾后重建工作极其复杂：一方面是早期建设措施，如临时住房以及避难所的建设；另一方面是社会恢复长期规划措施以及灾害管理经验评估措施。这两者之间很难找到平衡。

因此，大范围重建工作非常有必要进行更充足的准备，并适当利用民事保护人员的经验，将洪水预防措施和减灾措施整合到重建地区的规划、建设以及整个社会的发展中。

2）行动契机。

如果在重建方案实施前，在城市规划、建筑标准以及整体规划中，考虑民事保护部门在应急响应过程中积累的成功的或不当的预防和减灾措施方面的实际经验，将是非常有用的。

在灾害发生之前，将灾后恢复规划综合到城市规划中，也许可以为更充分、更快、更有远见的重建工作打下基础。

建议12：为了促进灾后重建，需要事先达成协议。发生洪灾后，民事防护部门和规划部门应该共同讨论详细的灾后重建方案。

（2）经验积累和宣传。

基于过去洪灾经验，日本在应对洪水、减轻灾害、组织救援等方面的策略不断进行升级、更新。为了总结中央和地方各层级机构的经验，还专门组织了信息共享活动。

1）调查结果。

日本在重大灾害的后续行动和法律更新方面一直做得非常成功。然而，需要更体系化方法，以便在频繁的自然灾害中，收集数据，积累经验。需要加强公众宣传，增强风险意识。为更好地理解职责划分，并改进灾害风险管理，有必要对先后制定的法律进行一次总结，让法律对公众更加透明和易于理解。

2）行动契机。

需要制定并实施一个历史防洪经验教训的收集、分析和宣传的体系化的框架，以便改进现有政策，包括对公众和其他利益相关者宣传风险。有必要对与洪水风险管理有关的零散的法律进行总结，提高其透明度，以便地方政府职能部门和决策者更好地理解和执行这些法律。

建议13：应系统化地收集、评估风险管理经验，并向所有利益相关者广泛宣传，以提高整体风险意识。此外，应该对先后制定的法律进行全面总结，提高其透明度。

（3）灾后恢复成本和保险。

灾后恢复成本大部分由市和县级政府承担，当灾害程度超过地方财力时，中央政府也可能承担一部分。灾后恢复成本中仍有很大一部分由个人承担，这更突出了有效保险的必要性。通常情况下，房屋主的综合保险包含洪水保险。

1）调查结果。

在日本，公共资金很少用于洪灾受害者。事实上，日本政府并没有参与洪水再保险方案（reinsurance scheme）。与许多其他经合组织成员国不同，日本政府并不扮演再保的角色。

目前，日本的洪水保险由私营企业经营，并由供需关系决定。因此，虽然火灾保险非常广泛，但对于洪水风险低的地区或高层公寓的居民来说，洪水保险并无必要。正因为如此，据日本一家大型保险公司的统计，房屋主综合保险的覆盖率仅 70％左右。

气候变化和洪水易发区资产的增加，可能导致洪灾损失和灾后恢复成本增加。预计私人保险公司的能力不足，可能对金融市场产生负面影响。

此外，随着日本城市垂直发展和地下商场的不断出现，累积风险也会增加。

随着保险费的自由化（liberalization of insurance premiums），私人保险公司正在响应客户的将洪水纳入保险范围的要求。人们担心，由于气候变化和城市地区资产集中，即使在迄今为止没有发生过洪灾的地区，风险也在增加。

2）行动契机。

由于洪灾损失可能是毁灭性的，政府应该更积极地参与保险和再保险。

现有的日本保险制度，依靠国外私人再保险市场应对洪水损失，并没有为大洪水做好充分准备，政府需要更积极地参与再保险或其他措施中。

建议 14：为帮助市民和私营企业解决重大灾害的财务成本问题，应改进洪水保险制度，同时增加保险人口覆盖率和保险公司的赔付能力。中央政府作为再保险人，深入参与保险，或许能达成上述目标。

第1章 引言：日本的洪灾风险

1.1 日本面临的洪水风险

日本地理、地形和气象特点使得该国频繁发生自然灾害，如台风、暴雨和大雪等。这种国情要求国家具备较高的应急能力和灾害管理能力。历史上，洪水事件曾经导致数千人死亡，财产和国民经济遭到很大破坏。

虽然日本持续实施灾害管理体系，但是，当前气候变化使得自然灾害的风险增加，而防洪保护区人口的密集化及老龄化，不断给防洪工作带来新的挑战，灾害管理能力还有进一步提升的空间。

1.2 洪水多发地区的土地使用和占用情况

日本国土面积约 $378000km^{2[2]}$，其中 70% 是山区或不适宜居住的地区。这意味着，该国（超过 1.2 亿）居民可用于开发和生活的土地非常有限。

事实上，日本一半的人口和 75% 的资产集中在洪水易发区，540 万人口生活在海平面以下的地区。海平面以下地区的资产集中在日本 3 个最大的海湾：东京、大阪和名古屋[1]。生活在洪水易发区的人口比英国和美国多得多（图 1.1）。

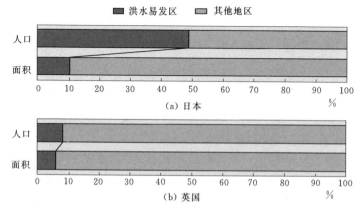

图 1.1（一） 日本与英国和美国相比，生活在洪水多发地区的人口的百分比

资料来源：国土交通省（MLIT），2007 年 5 月，PPT 演示，

"当前河流管理在洪水控制方面的条件和任务"。

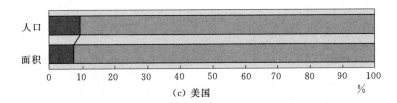

图 1.1（二）　日本与英国和美国相比，生活在洪水多发地区的人口的百分比

资料来源：国土交通省（MLIT），2007 年 5 月，PPT 演示，

"当前河流管理在洪水控制方面的条件和任务"。

　　长 173km 的荒川河（Arakawa River）流经住着 1000 万人口的埼玉县和东京，是日本人口和资产高度集中的典型。该地区在人口高峰时约有 140 万居民住在低于海平面的洪水易发区。位于荒川河流域的资产价值约为 100 万亿日元（占日本国民生产总值的 20%）。荒川河流域被持续开发，城市化进程加快，地下交通等脆弱的城市工程措施密集使用，令情况恶化。东京和伦敦洪水易发区的比较充分证实了这一点（图 1.2）。

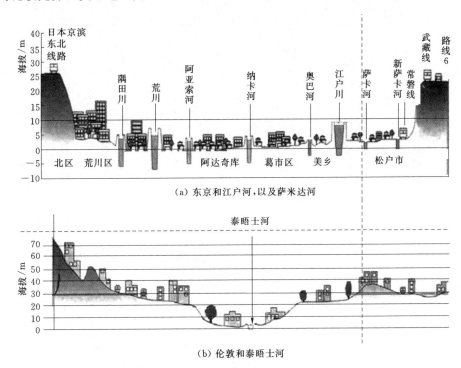

图 1.2　东京、伦敦洪水多发地区（这些情况使日本极易遭受土地灾害）

资料来源：国土交通省（MLIT），2007 年 5 月，PPT 演示，

"当前河流管理在洪水控制方面的条件和任务"。

15

1.3　气候变化和河流特征

日本属于温带气候，一年有 3 个季节是雨季，降雨量很大。在 6 月和 7 月的雨季期间，经常发生洪水，而在夏季和晚秋季节则经常受到台风袭击。

在过去 30 年中，每小时 50mm 以上的暴雨增加了 50％ 左右。超过 100mm 的大暴雨次数则翻了一倍（图 1.3）。

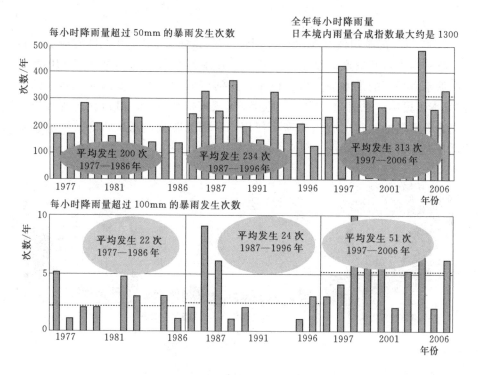

图 1.3　暴雨次数呈上涨趋势

资料来源：国土交通省（MLIT），2007 年 5 月，PPT 演示，

"当前河流管理在洪水控制方面的条件和任务"。

20 世纪，日本的年降雨量明显减少。但是，小雨和大雨的变化也有所增加，应该在气候变化的大背景下考虑这些趋势。

另外，尽管在全球变暖的程度方面并没有达成共识，但可以确定的是海平面可能会上升，这给日本沿海地区防洪工作带来更大压力。

和政府间气候变化专门委员会对最坏情况预测的一样，100 年内海平面上升 60mm，将导致低于海平面、有人居住的土地面积增加 50％（位于

3 个主要海湾：东京、大阪和名古屋）。因此，日本抵御暴雨的脆弱性显著增加。

最近一项关于多国港口城市的分析，对由风暴潮（storm surge，也称暴风海啸或气象海啸）和狂风破坏造成海岸洪水（coastal floods）的风险进行了评估（OECD，2008）。这项工作侧重于分析百年一遇大洪水的受灾人口和资产，但没有进行洪水风险统计。分析报告显示，大阪-神户地区位于世界港口城市人口暴露度前十名之列；大阪、神户和东京位于世界港口城市资产暴露度前十位名之列；东京和大阪都是受热带气旋和非热带气旋影响最大的十大城市之一，其中东京的风害度指数（wind damage index）居第一位。在其他城市的研究中，只有少数美国和中国的几个城市接近如此高的风险暴露度。

日本特殊的地形和水文特征导致严重洪灾发生的概率增加。河流短、落差大、水流湍急、山地与海岸之间的距离很短（图 1.4）。

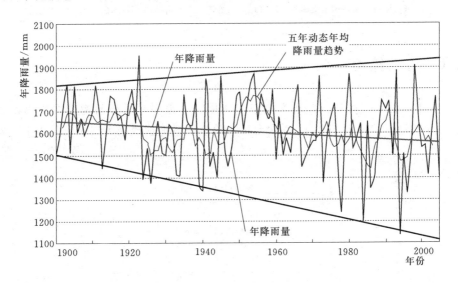

图 1.4　年降雨量波动增加

资料来源：国土交通省（MLIT），2007 年 5 月，PPT 演示，
"当前河流管理在洪水控制方面的条件和任务"。

此外，正常水流量和暴风雨期间水流量呈极端分布态势，利根川（Tone River）是一个突出的例子，它的最大水流量是最小水流量的 100 倍左右。相比之下，湄公河的这一比例大致为 30 : 1、多瑙河为 4 : 1、密西西比河则是 3 : 1（图 1.5）。

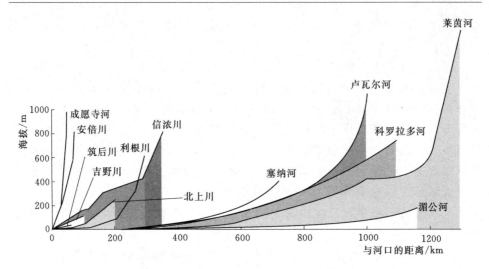

图 1.5 日本及其他国家河流长度和海拔高度

资料来源：国土交通省（MLIT），河务局，2006 年 9 月《日本的河流》。

1.4 防洪经验

由于土地和气候条件，日本的很多区域、在很多时候极易遭受严重洪水灾害（图 1.6）。2004 年发生了 10 次台风，给全国各地造成极大损失，是历史上发

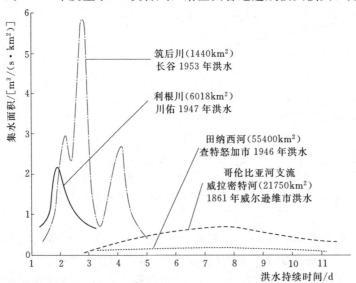

图 1.6 流域单位集水面积和洪水持续时间的比率

资料来源：国土交通省（MLIT），河务局，2006 年 9 月《日本的河流》。

生台风次数最多的一年[3]。1947 年，台风"凯瑟琳"造成利根川上的一处大坝决堤，造成东京 1930 人死亡或失踪。仅仅 12 年之后，1959 年，又爆发了日本现代史上最严重的洪灾事件，台风"伊势湾"造成超过 5000 人死亡[4]。

1.5 洪灾成本

过去几年当中，发生了几次台风导致的重大洪水，每年都有自然灾害造成的生命和财产损失，具体统计见表 1.1。洪灾带走的生命数量比地震小，但是造成的财产破坏和生产力损失对国民经济产生很大影响。

表 1.1 　　　　2000—2004 年日本大洪水所致经济与社会损失

洪水事件	描　述	经济损失/美元		人员伤亡
		被保损失	总计损失	
2000 年 9 月，东海大雨	名古屋地区洪水与地质灾害	9.90×10^6（2001 年数据）	7×10^9	18 人死亡
Fukui Niigata – Fukushima 暴雨，2004 年 7 月	超过 12500hm² 土地受灾，5800 人流离失所	2.79×10^6	1.95×10^6	20 人死亡，1 人失踪
Songda 18 号台风，2004 年 9 月	风速达 212km/h 暴雨	3.59×10^9	7.17×10^9	41 人死亡，4 人失踪
Meari 21 号台风，2004 年 9 月	风速达 160km/h 大雨、洪水、地质灾害	2.91×10^6	7.98×10^6	26 人死亡，1 人失踪
MaOn 22 号台风，2004 年 10 月	风速达 162km/h 大雨、洪水	2.41×10^6	6.03×10^6	7 人死亡，4 人失踪
Tokage 23 号台风，2004 年 10 月	风速达 229km/h 23210 间房屋受损	1.12×10^9	3.2×10^9	94 人死亡，3 人失踪

尽管日本已经在推进重大洪水防护措施的政策、减少整体洪水淹没面积，但是由于洪水易发区的经济资产日益集中，洪灾所带来的损失将会继续增加。

1.6 脆弱人群数量增加

尽管日本已经成功地减少了受洪水影响的地区的数量，但是因为受防洪工程保护地区的城市密集化、气候变化、人口老龄化和脆弱人群数量日益增加等问题的影响，政府将面临更多防洪工作的挑战。据统计，当地人口构成和经济特征对他们在灾难发生时的自我保护能力和恢复能力有重要的影响。

日本以及其他经合组织成员国的人口中老年人比例上升（图 1.7），且社会群体之间经济差距加大。这表明老年人群体的脆弱性增加。例如，老年妇女通常身体虚弱、经济困难，她们很可能没有自我保护能力，从而脆弱性增加。

很显然，日本需要坚定改善自然灾害风险管理的决心，尤其在当前洪水风险高和脆弱性持续增加的背景下。

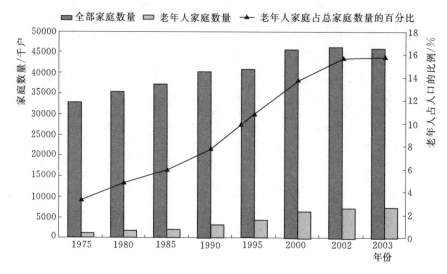

图 1.7　日本老年人家庭的增长（1975—2003 年）

资料来源：日本数据统计局，2005 年。

1.7　过去几十年防洪工程方面的实质性进展

尽管日本目前面临着巨大的挑战，而用于应对这些挑战的经济资源非常有限，但是日本洪灾损失，特别是生命损失，却呈现了下降的趋势。日本在防洪和降低脆弱性的能力方面有很大进步。在灾害管理体系建设、国家土地保护以及气象预报技术方面也取得实质性的进展。此外，洪灾中即时信息通信系统也已经得到升级。

吸取了历史经验的日本，几十年来不断在提升防洪能力，这些能力包括河流治理、自然灾害的准备和响应能力。1959 年台风"伊势湾"造成巨大损失，成为一个转折点，之后日本大大完善了灾害管理体系，继而在 1961 年通过了《灾害应对基本法》。通过这项法律制定了一个"综合灾害管理体系"，进而强化从"阪神大地震"等自然灾害之中吸取的教训。该体系涉及灾害保护的各个阶段，明确划分了国家和地方各级政府的职责，公共和私营部门的利益相关者合作，实施各种灾害管理措施。

备注

[1] 资料来源：国土交通省（MLIT）和内阁办公室（2005 年）："经济合作与发展组织风险管理项目指导小组第四次会议"的 PPT 演示，未发表，巴黎。

[2] 资料来源：经合组织评述小组与荒川河下游办事处的访谈，2007 年 5 月 15 日。

[3] 资料来源：国土交通省（MLIT），2006，《日本的河流》。

[4] 资料来源：国土交通省（MLIT），2007，"当前河流管理在防洪方面的条件和任务"。

第 2 章　洪水风险管理整体战略

日本的"综合灾害管理体系"是一个由预防、准备、减缓、应急、恢复和重建等阶段构成的综合管理体系，风险管理则被视为其中的一个阶段。该体系确保强有力的国家领导和多部门协调。根据日本在 1961 年颁布的《灾害应对基本法》，中央政府、地方政府和社会团体都有责任在其职责范围内保护居民的土地、生命、财产不受自然灾害破坏。洪水管理的层级和类型要根据两个变量进行调整：其一是河流长、宽或洪灾等级，其二是洪水管理周期的阶段。该体系在不同阶段的侧重会有所不同，预防、保护措施和洪水灾难中的灾害管理有很大区别。

欧盟的防洪策略基于灾害管理周期各阶段的综合策略，如图 2.1 所示。

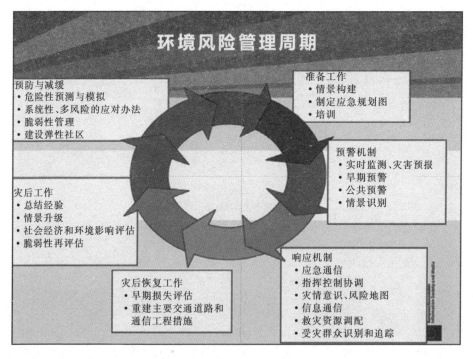

图 2.1　综合风险管理周期表

资料来源：Weets，Guy，"优化风险管理"，可持续发展 DG INFSO – ICT，布鲁塞尔，2007 年 5 月 31 日。

22

在此体系之中，大多数情况下，最高一级的中央政府将行使整体协调和领导权力，地方政府则承担具体实施的责任。

2.1 中央政府跨部门防洪体系

首相强有力的领导作用保障了中央政府灾害管理战略和行动协调。2001年以后，内阁办公室和中央灾害管理委员会也负责参与其中。

负责洪水灾害管理的中央主管部门及官员主要包括内阁办公室、内阁秘书处、中央灾害管理委员会、灾害管理国务部长及其他相关部门和机构，如图2.2所示。

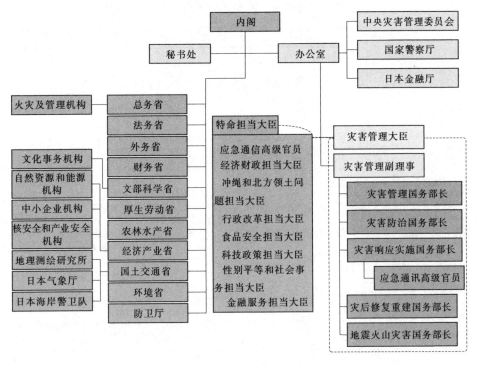

图 2.2 中央政府组织表

资料来源：内阁办公室，日本政府，2007年，《日本灾害管理》。

2001年，随着日本中央政府所做的一系列体制改革，日本设立了灾害管理国务部长一职，负责整合并协调实施各部门制定的减灾政策和措施。内阁办公室负责确保相关政府部门之间开展广泛的合作，并在灾害管理事务中协助内阁秘书处。英国的内阁办公室为中央政府实施洪水风险管理协调树立了典型（见附录Ⅰ.2）。日本则加强了内阁秘书处制度和灾害管理职能，包括建立信息收集中心，以应对重大灾害或严重事故等紧急事件（内阁办公室，日本政府，2007，日本灾害管理）[1]。

在内阁办公室中，中央灾害管理委员会是内阁负责重要政策的部门之一。据图 2.3 所示，该委员会由日本首相担任主席，成员包括灾害管理国务部长，主要负责协调救灾工作。另外还包括内阁大臣以及日本主要的公共机构（日本红十字会、日本银行、各公共事业单位）的领导和学术专家。该委员会的主要职能是制定国家灾害管理战略（"灾害管理基本预案"和"重大灾害应急预案"），并根据首相和灾害管理国务部长对灾害管理的要求，推进全面的灾害管理措施。

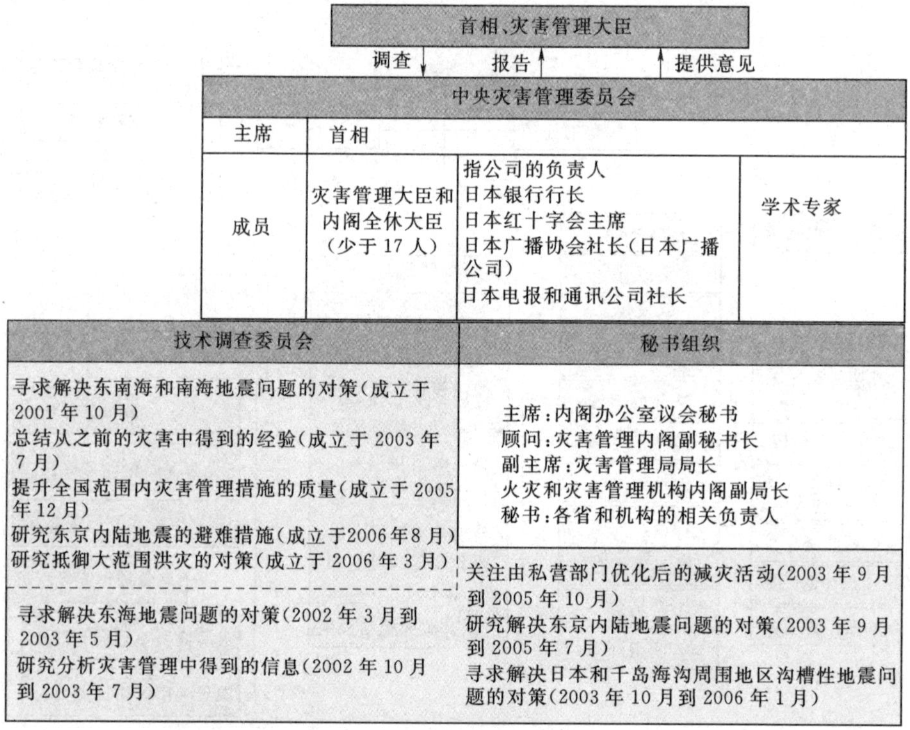

图 2.3　中央灾害管理委员会

资料来源：内阁办公室，日本政府，2007 年，《日本灾害管理》。

因此，中央灾害管理委员会协助预防战略和实时应急策略的协调，促进风险管理周期中各阶段行动的一致性和整体性。委员会的责任关键在于制定应急响应策略，其中包括灾害预警和灾民疏散工作。

此外，制定防洪措施的责任由国土交通省（MLIT）负责。自 2001 年 1 月四省合并以来，国土交通省就负责制定建筑标准、交通工程设施（公路，铁路，桥梁，港口，机场）以及大坝和堤防等水利和河流管理工程。

在国土交通省，参与洪水管理的主要部门有河务局、土地局、水管理局、城市和区域发展局和住宅局（图2.4）。各局按照法律体制实施计划，包括《河流法》《城市规划法》《建筑标准法》《土地利用基本法》《自然土地利用规划法》，也包括一些没有具体提及的法律法案。针对这些法律又补充了许多条例和准则，根据这些条例和准则来确定法律的适用情况。

1. 调查结果

本质上讲，日本灾害管理体系的运作是具有整体连贯性的。内阁办公室具有协调职能，将责任分派给不同行政部门。中央灾害管理委员会（CDMC）在政策制定的过程中发挥重要、积极的作用。中央灾害管理委员会与担任委员会主席的政府首脑有密切联系，中央政府大力参与灾害管理，这有助于做出综合决策。但是，中央灾害管理委员会在以下两方面仍有提升空间：一方面应完善应对大洪水的策略；另一方面应该给参与到大洪水事件中的中央政府各部门提供建议。

应该协调灾害管理周期中各阶段不同中央部门的工作，并对国家策略实施方式进行把控。和经合组织的其他国家一样，日本的中央管理体制中，中央各部门的工作都是高度独立的，这不仅体现在独立的办公楼、办公设备和工作人员方面，还体现在中央政府提高风险意识、加强公私机构合作等活动中。

在过去十几年中，尽管国家制度有所开放（如现在公务员能从一个部门调到另一个部门，这在过去很少发生），但是中央政府各部门之间仍然存在屏障。然而，因为洪水风险管理的复杂性，所以迫切需要各部门之间密切合作，在综合灾害管理体系内实现管理一体化。

为了确保有效整合各部门灾害管理策略，首相和内阁办公室需具有强有力的协调能力，制定跨部门防洪体系。

然而，为实现这一目标，在某些方面，内阁办公室缺乏影响防洪政策在中央政府各部门中实施的能力，应该加强相关渠道。

虽然，中央灾害管理委员会在大力整合灾害管理策略，但仅规划部门参与了整合行动。而这些规划部门的工作涉及对总务省评估机构、审计局和财务省等日本公共管理机构的工作进行总体控制和审计。但是他们没有系统地参与风险管理预案的审计，因为同一部门不同机构的工作或跨机构工作在传统上并没有进行多部门合作评估管理。

例如，住宅局、水管理、国土保护局在与地方政府的合作中可以起到更积极的作用，可加强各部门在洪水易发区的洪水防护、降低脆弱性方面的合作。但是，目前存在的不足，究其原因是缺乏对跨部门协调的标准要求。各部门之

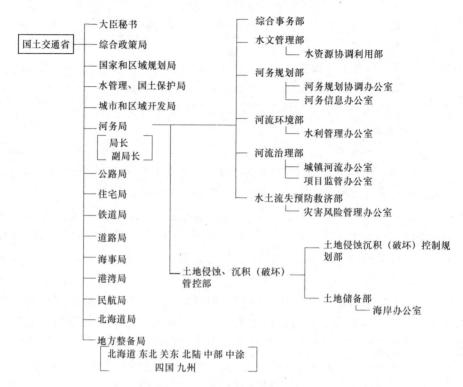

图 2.4 国土交通省组织图

资料来源：国土交通省（MLIT），2006 年 9 月，《日本的河流》。

间的纵向障碍需要中央政府指定一个有力的机构来消除，加大协调力度、加强授权、鼓励各部门之间积极协调。这对中央和地方政府不同层级洪水风险管理机构之间的合作能起到积极的作用。

2. 行动契机

应将各种有利的防洪政策整合为一个综合预案，而中央政府的协调作用需要大大加强。可以将这个职能委托给内阁办公室，明确办公室评估各部门策略的责任，通过信息收集和传播、评估和比较各部门之间的策略实施。

政府也可以考虑成立一个独立的机构，负责不同行政级别、不同部门之间灾害管理行动的审计和评估工作。可以考虑将此责任交给具有类似职能的政府机构承担，但前提是，该机构不能同时承担任何灾害管理的执行责任。很多经合组织（OECD）的成员国已经设立了具有此种内部评价职能的机构。

建议 1：中央政府需加强协调，找到更有效的措施实施连贯、一致的灾害管理政策。

2.2 中央和地方政府之间的行动和战略协调

日本的行政管理制度分为 3 个层级：中央政府和两级地方政府：县级（都、道、府、县）和市级。根据 1961 年制定的《灾害应对基本法》，中央政府和县级政府各自负责制定灾害管理预案，但是，地方管理预案必须和"灾害管理基本预案"相一致。同样的，市政府也要依据其相应的县级预案来制定的本地预案[2]。

根据《减灾法》（1947 年），出现紧急情况时，各县负责提供救济服务，如紧急救援、安排避难所和临时住房、提供医疗服务，供应基本生活用品、参与紧急抢修等。在这一方面，中央政府的职责是保障必要资源的供给。必要时向其他府县或者私营企业寻求支援。府县知事可以将其任务委派给市级领导人。洪灾减缓措施的费用由县级政府承担一定数额，如费用超过一定标准，将由县和中央政府共同分担。

尽管《灾害应对基本法》为灾害管理的综合管理战略尤其是应急响应阶段的责任范围界定提供了法律依据。但是，还有很多防洪战略方面的具体法律。

《河流法》是防洪立法的核心（图 2.5），颁布于 1964 年，旨在重新定位河管局的职责，同时，将常规的河段管理转为全河段管理。该法在 1997 年进行了修订，综合了经济和社会变化的因素，加强对健康河流环境的要求，通过河流水质整治预案，听取了当地居民对河道治理的意见（国土交通省，2006）。然而，《河流法》也仅仅是强调具体地防洪工程措施。而 1949 年首次制定的《防洪法》，于 2005 年进行了修订，重点强调地方机构的洪水事件中的应急行动。

在日本，河流分为 A 类、B 类和 C 类。A 类河流因为其洪泛区内聚集的财产和人口数量巨大而具有国家级的重要性。A 类河流特别重要的河段由国土交通省（MLIT）河务局管理。

B 类河流以及由国土交通省指定的 A 类河流的部分河段由县级政府管理。C 类河流由市政府管理。国土交通省河务局的地方河道管理所的职责是加强 109 条 A 类河流的防洪措施（占全国河流总长度的 7%）（国土交通省，2006）。

县级和市级政府合作、实施洪水预警和灾害管理措施（防洪、疏散灾民、组织救援和重建），并在每年汛期之前的 4 月、5 月或 6 月为每条河流成立"防洪联络委员会"（Flood - fighting Liaison Committee，FLC）。此外，依据相关法律，洪水易发区的市政府需根据国土交通省和各县政府创建的洪水易发区的地图信息，准备和发放洪水风险地图。

1. 调查结果

日本的洪灾政策构成了"综合灾害管理体系"，中央和地方各级机构将根据

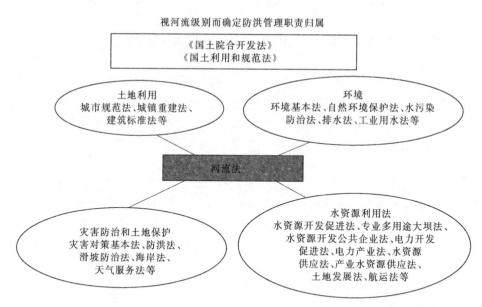

图 2.5 河流法

资料来源：国土交通省（MLIT），2006 年 9 月，《日本的河流》。

灾害规模、河流大小、洪水风险和破坏程度等因素确定自身责任和救灾行动。中央和地方政府部门和机构将共同努力，制定具有整体性、全面性的灾害管理战略。地方政府的重点是必要时根据中央政府的"灾害管理基本预案"的整体预案，根据本地的特殊需求和条件适当进行调整。

然而，中央政府似乎缺乏有效的手段来协调（必要时监督）地方的决策。在一个指挥系统内安排工作时，应始终明确其工作目标和具体任务，并提出工作报告和评估要求。但是，目前中央政府没有任何部门具备在必要时纠正错误行动的权力。

多年来日本不断颁布的新法案，尤其是重大灾害之后颁布的法律，大大完善了灾害管理体系。《灾害应对基本法》是基本的法律依据，还有一些具体法律也适用于灾害管理（例如：7 项基本法，18 项防灾法，3 项灾害应急响应法和 23 项灾后恢复、重建和财政法案）。

虽然《灾害应对基本法》定义了"综合灾害管理体系"并阐明灾害管理体系所有阶段各级政府的职责划分，但上述诸多具体法律也从不同角度解决了灾害管理中的事宜。

每部具体法律涉及洪水风险管理体系的一个专门问题或一个阶段，在有限的侧重范围内，发挥作用。但这些零散的具体法律缺乏连贯性，给政策执行者全面理解具体的问题带来了挑战，这一问题亟待解决。当前，为了协调行动和提供连贯的平台，需针对性地实现更加体系化和清晰的法律体系进行一次评述。

关于中央和地方政府之间的职责划分，需要将主要河流（A 类河流）和小河流的管理方式加以区分。

对于 A 类河流，国土交通省各地方整备局负责保护措施和数据收集工作，而大多数预防和准备措施由地方机构负责实施。考虑到 A 类河流的重要性，由国土交通省负责其河流工程措施和管理实为明智之举。但是，国土交通省需要系统地与地方政府合作，以利于加强保护、预防、准备措施之间的联系。

对于 B 类和 C 类河流地区的防洪工作，问题不在于各部门协调，而是政治和经济实力欠缺。在实施防洪措施和行动时，小型城市可能会遇到技术和经济难题，还有可能缺乏有效进行灾害响应的能力。

过去 10 年，日本在建设适宜的风险管理程序方面做出了很大的努力。但是地方政府仍需继续努力。更确切地说，是应该强化地方政府在洪水预防、准备和应急方面的能力。地方政府深刻理解综合风险管理周期也具有重要的意义。

必须充分考虑到地方政府地方条件以及工作能力的限制。仍然需要强化他们在综合防洪管理体系中的职责。

2. 行动契机

通过收集各地区的防洪预案信息，考查其与"灾害管理基本预案"的一致性，中央灾害管理委员会可以重新系统地评估综合灾害管理预案，并为地方决策提供支持，这也有助于理清每项工程的责任范围，支持检查系统的运行，还能通过检查和评估，给出改进建议。

还可以通过连贯、强化的法律体系来加强政机构之间的协调。此类法律涉及公共和私营部门、组织和利益相关者以及人民群众，因此也更需要被以上各方面充分理解。近年来，欧盟国家一直趋向于全面的法律体系，辅之以对特定问题的专门管理，以保障法律的全面性和清晰度。为了加强公共部门和地方机构等所有利益相关者对其工作职责和工作目标的认识和理解，《欧洲洪水指令》（European Flood Directive）这一文件，包含各种规模洪水风险管理的解决办法。

为了满足各县、市的特殊需求和检查地方防洪规划的有效性，中央政府需要进行地方提案的收集及防洪策略的评估等工作，提高协调能力。

根据当前世界其他各地区的发展趋势，中央政府迫切需要进行能力建设并为地方政府提供更多支持。实施培训方案，对当地利益相关者进行风险管理教育，以提高地方能力建设水平，这将有助于形成更有效的决策机制。此外，可要求地方政府将地方防洪管理预案的草案提交给中央政府，中央政府对预案进行反馈，作为进一步的行动依据，这有助于中央政府和各县政府推进市市之间的合作协议。

同时，还可以重视连贯、统一的流域管理体系的建设。多数国家认为，对洪水风险管理而言，流域管理是最佳管理方式。

在日本，种种实例表明按流域进行河流管理的必要性，例如荒川河（A 类河，由国土交通省长官直接管理）和中川河（A 类河，由府知事管理）两条平行河流的下游地区的管理。

如果有一个部门，拥有某个流域、以"防洪联络委员会"等形式实施防洪管理的合法权利，就可以更充分地推动预防和灾害减缓的策略。这些策略的实施需要中央政府相关部门颁布工作标准和工作指南予以支持。欧洲的一些实例和经验表明，通过地方试点案例研究（见附录Ⅰ.1），中央政府可以有效地制定工作建议。

建议 2：当前，需要按流域进行综合洪水风险管理体系的建立，为实现这个目标加强地方能力建设，明确工作职责和责任，各级政府和各级部门之间强化信息和工作协调，中央政府部门也要对管理体系进行系统的评估和分析。

2.3　工程措施预算

由国土交通省河务局牵头的防洪工程措施项目可以大致分为国家项目和补贴项目。国家项目由建设省（Ministry of Construction）负责，在 A 类河段进行。国家项目资金的主要部分出自国家预算，其余部分出自地方预算。补贴项目则由中央政府支出部分资金，由县级政府在其管辖区内的 A 类或 B 类河段进行。

河务局的预算不仅包括河川项目的费用，还包括海岸、边坡防护工程和灾后恢复的费用，然而近年来，该预算在逐渐缩减。2005 年财年中，预算总额约为 6390 亿日元，约为 1996 年预算的 1/2[3]。图 2.6 中可以看到河务局预算中大洪水恢复工程预算份额的走势。

灾后重建支出的比例增加，原因是 1996 年以来出现了许多极端天气灾害，如暴雨和台风，造成了大洪水灾害。虽然极端天气事件持续增加，但居民和财产还在不断往洪水易发区移居和集中。考虑到气候变化可能带来的后果，预计洪水会对经济产生更严重的影响。虽然中央政府在第二次世界大战后采取的防治措施，极大地减少了生命、财产的损失，也极大缩减了灾后重建的成本，但现在，这种趋势似乎正在发生重大转变。

中央政府预算减少主要是因为自 20 世纪 90 年代中期，日本经历了严重财政危机。在 2002 年，日本政府又遭遇了财政赤字和公共债务的高峰，之后，政府决定冻结公共投资。在短期内，这种非正常的预算状况不太可能得到改善，因

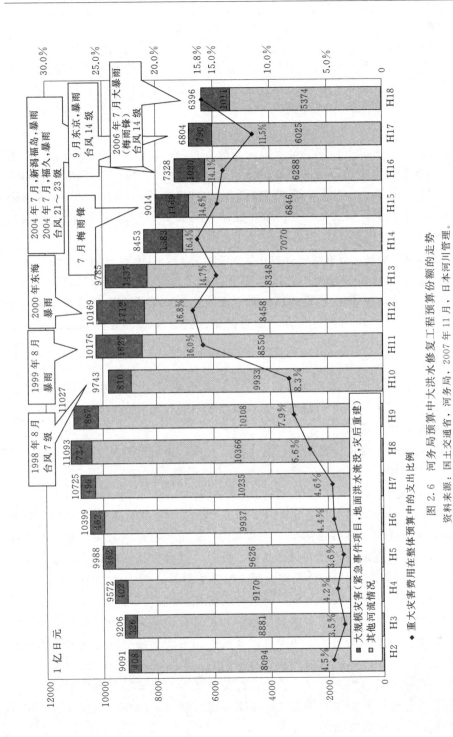

图 2.6 河务局预算中大洪水修复工程预算份额的走势

资料来源：国土交通省，河务局，2007 年 11 月，日本河川管理。

为预计政府会在面向老年人的社会服务方面增加投入。

1. 调查结果

自 20 世纪 90 年代中期以来，日本政府在防洪问题上的预算拨款持续缩减，但考虑到日本人口和财产的脆弱性日益增加，日本政府亟须加强防洪工程。预算限制对已建立的防洪工程的维护造成了冲击，而且大大减少了新的防洪工程的保护范围。

尽管可用于防洪工程的资金来源正在减少，但灾害成本却可能上升，这加重了政府在灾后重建预算问题方面的负担。在许多灾害案例中，采取预防措施的优势已经不证自明。比如，在名古屋市，政府投资了 716 亿日元用于安装防洪工程，预计如果该市发生洪水，那么与 1999 年和 2003 年的洪水相比，将会减少 5500 亿日元的损失[4]。

根据 2002 年的《政府政策评价法案》（GPEA），日本政府加强使用成本效益分析方法，该分析法证明了防洪工程项目能带来巨大利益和附加值。此外，在实施河流改善的中期和长期预案之前，政府会组织公众辩论，将学术专家的观点和一般舆论的观点进行整合，加强河流改善预案和预算问题上的交流和沟通。

目前的政府预算有所限制，无法准时融资建设质量令人满意的防洪工程。另外，考虑到气候变化的预期影响，有必要着重使用综合成本效益分析办法，以确定优先工作事项并更全面地考虑项目启动时非工程措施的附加值，以便为其分拨足够的预算费用。

同时，提高政府工作透明度，强化公共宣传，也可能对从当地利益相关方筹措资金产生积极的影响。

2. 行动契机

因此，更系统的成本效益分析或多标准分析成为强化日本综合风险管理体系实施的宝贵工具。在特定情况下，这有助于确定最有效的救灾措施，并有助于在风险管理备选预案中找到最佳选择。此外，这种分析和研究可以有效地确定优先工作事项，也能根据情况有效地分配公共资源。

考虑到预算状况，应对洪水风险管理的责任确定进行考量。例如，地方机构在财务评估中可以获得更多的自主权。如果具有税务责任的民众直接参与决策过程，并充分了解这些措施的益处，那么他们可能会接受增加灾害管理规划和工程的税收。因此尽管目前的预算有所限制，但是政府仍有可能在较短的时间内实现高税收的目标。此时，公众可以更多地参与决策，与包括保险业在内的私营企业，建立并加强合作关系，保险公司将非常乐意看到通过合适的灾害损失减缓措施，降低保险支付成本。

除了评估项目的经济优势外，还需要更有效地评估非工程措施的潜在利益。例如，及时修复并加固损坏的堤防或大坝，是成本低廉并行之有效的防洪减灾措施。在一个发展项目中，相关公民应该参与其中，并要意识到他们能为提高自身安全做出什么样的贡献。例如将公民纳入到流域委员会范畴内，激发他们参与活动的动力，这样公民才有可能为项目提供支持。地方政府的努力加上全社会在安全要求方面达成一致，这可以影响政府决策，以便拨付足够的洪水风险管理预算。此外，这也有利于实现工程和非工程保护措施之间的平衡[5]。

建议3：应使用多目标分析或成本效益分析等工具，促进宣传和对话，通过工程和非工程措施以及适当的财政预算，在可接受的防护安全等级和洪水风险管理财政预算之间达成共识。

备注

[1]　资料来源：内阁办公室，日本政府，2007，《日本灾害管理》。

[2]　资料来源：内阁办公室，日本政府，2007，《日本灾害管理》，国土交通省，2006，《日本的洪水》。

[3]　资料来源：国土交通省，2007，"当前河流管理在防洪方面的条件和任务"。

[4]　资料来源：国土交通省，2007，"当前河流管理在防洪方面的条件和任务"。

[5]　非工程措施的定义："工程措施是指任何以减少或避免潜在危害为目标的物理结构，影响，其中包括建设防护性和保护性的基础设施。非工程措施是指防洪政策优化、防灾意识提高、防灾知识宣传、公开承诺、救灾方法和实践操作，包括救灾参与机制和实施信息供应措施，这些措施能降低风险和灾害影响"，UN/1SDR，2004年，日内瓦。

第3章 风险评估与宣传

3.1 早期预警机制

日本气象厅（JMA）会预报可能导致严重洪灾的暴雨天气。另外，日本国土交通省和县级政府携手日本气象厅共同提供洪水灾害预报。日本气象厅观察和预测 A、B 类河流的降水量，而国土交通省提供水文评估。市政府管理的小河流相关数据用来评估风险等级。

通过雷达、雨量计和测距仪来监测降雨量和河流水位，监测数据直接反馈给上述政府部门。各部门积极合作，通过各种高容量网络（无线电、光学纤维和卫星）为下级单位（即城市、城镇或村级洪灾管理部门）提供洪水预报。气象厅官方网站可供查阅河流水位、降雨量和大坝蓄水位等即时信息，且每 10min 会对数据进行一次更新。实时信息包括现场拍摄的信息。而在利根川（Tone River）等重要河流流域，则向洪水影响范围内的市县提供洪水形成的实时模拟，用来制定灾害管理预案。

日本国土交通省和日本气象厅采用一种准确、可靠的观测系统，为日本境内主要河流提供水位和洪水预报等信息。日本气象厅在全国大约 1300 个地点不断收集降雨量数据，而日本国土交通省的河务局则负责近 2000 份河流水位数据的收集和传播。为不断提高风险评估的科学性和准确度，需特别加强中央政府、专业研究院、研究委员会（例如，日本土木工程研究所和国际水灾害和风险管理中心）以及专家学者之间的合作。

日本气象厅发布的洪水预报用于两个目的：一是过去的防洪经验、气象数据和情景构建为制定长期防洪战略提供支持，日本国土交通省和日本气象厅所收集的数据用于防洪工程的实施（包括计量工程、绘制洪水风险地图）；二是这些实时数据将通过专用无线电网络发送给所有灾害管理部门的决策者，为组织应急响应提供支持。例如，"火灾管理无线电通信系统"（Fire Disaster Management Radio Communication System）可以连接全国各地的消防机构。当洪水暴发时，可以通过各种大众媒体（包括互联网、手机、电视和广播）联系到灾区群众。

日本国土交通省或各县政府指定需要提供洪水预警信息的河流、湖泊和沼泽或海岸的范围。尽管河管局与日本气象厅之间已经加强了合作，但是公共信息需求很大并且在不断增加。日本国土交通省设在各地区的地方整备局，构成一个相互连接的网络体系，解决洪水信息问题。

关于地方早期洪水预警和应急响应的组织和宣传，《防洪法》奠定了管理基础。2005 年日本对《防洪法》进行了修订，解决了改善中小型河流早期预警中的信息传输问题（国土交通省，2006 年）。

《防洪法》还为中小型河流水位设定了预警阶段的临界值来作为管理者（城市/镇或村级领导）是否发起应急策略的依据。通过制定防洪预案，加强了地方政府防洪合作机构之间的自主合作权。

在大洪水灾害期间，中央灾害管理委员会（CDMC）负责应急管理。为此，"内阁信息收集中心"全天候收集洪水信息。

根据阪神大地震的经验，内阁办公室还制定了灾害信息共享平台来加强风险信息宣传力度（内阁办公室，2007 年）。灾害信息共享平台是常见的信息共享系统，具有标准化的信息格式，中央政府各部门和机构、地方政府、相关组织和居民，都可以通过此系统发布和了解灾害信息。

1. 调查结果

日本的研究院和政府机构水平很高，能高效率地搜集洪水灾害、风险评估的数据信息，并把这些信息向各级政府机构以及公众进行宣传。

然而，日本在风险评估方面的能力仍然需要加强。政府间气候变化专门委员会（IPGG）认为日本可能是受到全球变暖和气候变化影响最严重的国家。因此，日本已经开始根据气候变化修订防洪管理政策。

洪水和大洪水灾害频率可能会增加，预计海平面也会上升。这意味着日本政府需要进一步更新相关气候数据，评估大洪水暴发的概率，相应地调整早期预警机制以适应这些变化了的实际情况。

2. 行动契机

用于数据收集、分析、信息和决策支持以及宣传的新信息技术已经具备，但还需要不断的维护和更新。因此，应该继续促进信息技术的研发工作。即使每个部门或指挥控制中心的技术是世界一流的，从国家角度来看，仍然有必要建立一个跨部门的、常见灾情意识共享和信息支持体系，作为制定灾害管理决策时多方合作的基础。

鉴于目前气候变化的大背景，大洪水风险不断增加，日本应当优先制定大洪水风险管理政策。为了改善目前人们对大洪水的认知，政府应该采取进一步措施，加强与国家科研机构的合作，促进在大洪水风险管理方面的国际合作。

附录Ⅰ.3中的巴伐利亚适应战略显示出了在应对气候变化方面，为了升级机构框架而进行专家商讨会的优势。

信息传播与决策支持体系为实现灾害管理的跨部门合作和协调提供了一个实用工具。专栏3.1中是一个关于英格兰海岸线上数据收集位置的更新和地方预案中数据使用方式的实例，生动地展示了在防洪政策制定过程中有效地综合考虑风险评估信息的做法。在日本，尤其是要加强中央和地方各级政府都需要参与的大洪水管理中的合作。

建议4：考虑到洪水风险与气候变化有关，应继续保持高质量的信息技术研究和风险评估及宣传，包括早期预警的手段，充分考虑到气候变化导致大洪水的风险。

专栏 3.1　英国沿海监测项目

1995 年，英国引进了防洪和海岸保护的战略管理框架。现在，全国范围内实施海岸线管理预案。每个预案都为几百公里的海岸线提供防洪和海岸保护的综合管理提供政策框架。预案的目的是提供一个经济上可持续的管理体系，这个体系促进地方预案和行动管理预案的协调，又不会对环境产生负面影响。海岸线管理预案中存在几个管理层级，每一个层级都要求更加详细的数据。有效地规划和实施海岸线管理要求高质量、长时期、按时间的数据包序列，以适当的时空分辨率来预测海岸线的长期演变，确定海岸保护和防洪措施的设计条件。

2002 年，英国引进大型试点区域监测方案（包括分析数据库、地理信息系统和网络传输），为英格兰东南部海岸侵蚀、洪水风险的战略和实施管理提供了系统化的收集、管理和分析数据的方法，2006 年，该方案被扩大至整个英格兰南部使用。大约 2000km 的海岸线和口岸现已被列入规划范围，区域内很多机构分别负责一段海岸线的管理。战略监测项目的初衷是将所有机构协调起来，并且在战略和行动方面将海岸侵蚀、洪水风险管理的职责相结合。

资料来源：安德鲁·P. 布雷德伯里，《海峡海岸观测》，2007 年，《大型、长期、区域沿海观测网络在英吉利海峡海岸管理的应用》。

3.2　综合考虑危害性、暴露度以及脆弱性的风险评估和风险图

日本，和经合组织其他成员国相同，也是通过绘制洪水风险图，将危险性

评估信息传递给普通民众和政策制定者。洪水风险图通常由市级政府负责绘制，向居民提供关于危及他们街道的洪水等级信息。洪水风险图除了具有洪灾数据，还包括应急响应信息，如避难所（高地）的位置、通向避难所的路线以及疏散时机等（图3.1）。通常，市政府有义务根据可预见的洪水淹没区域数据来制定灾害风险图。这些数据由县级政府以及国土交通省负责具体河流的机构提供。地方机构不遗余力地履行其义务。

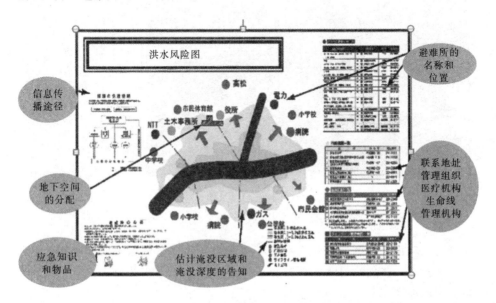

图3.1　洪水风险图：简图版

资料来源：国土交通省（MLIT），2006年9月，《日本的河流》。

　　地方政府能够充分地评估中等规模洪灾的危害性。评估数据用于为面临风险的居民或公司，基本上是主要新建筑物，制定减缓措施。当洪水发生时，关注居民安全、资产风险的大公司，也会根据相同的数据来组织行动，保障个人或公共安全，减轻灾害损失。同样，一些主要建筑物已经有应急防渗门等防洪工程来应对中等洪水。

　　大多数市级政府[1]应该有洪水风险图（图3.2），但这些地图似乎只用于组织应急响应，而从来没有用于脆弱性评估和降低脆弱性等方面。

　　虽然存在关于脆弱性评估的统计数据——例如生活在风险区域的全部人口数量或风险资产占日本国民生产总值的比例。但这些数据可能是由笼统的、粗略的计算而来。3个层级政府中的任何一级政府从来没有进行过系统的、详细的脆弱性评估。

　　一些经济利益相关方出于自愿的确进行过脆弱性评估。例如，一些公共服

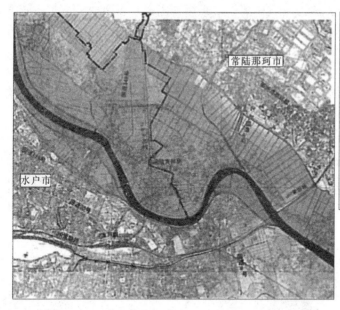

图 3.2　中川河流域洪水多发区地图

资料来源：国土交通省（MLIT），2006 年 9 月，《日本的河流》。

务网络为减轻损失、增加用户安全度，使用脆弱性评估数据来设计和实施避险措施。此外，一些危险行业在评估脆弱性及其与周围居民的风险之后，已转移到更安全的地区。

1. 调查结果

资产脆弱性评估可能是一个减轻大洪水灾害损失非常有效并且必要的开始。大洪水造成几米高的水浪在大面积范围内肆虐，可能造成的损失使得当地政府最重要的使命就是拯救人们的生命。但是，在物质损失方面，有证据表明：如果曾经进行过脆弱性评估，即使洪水水深达到几米，也可以采取一整套减缓措施，最大限度地降低损失。此外，脆弱性评估也旨在提高风险意识，在洪水事件中拯救居民生命，并激励居民更好地展开自救。

脆弱性评估的整体目标是：

（1）确定最脆弱人口群体和资产所在的位置。

（2）了解风险，并且评估减少风险的方法。

脆弱性评估的第二部分——减缓损失，基于下列措施：

（1）为了减轻损失，确保居民安全，规划本地的非工程措施，提高当地居民的自救能力。

（2）为了减缓对防洪工程的破坏，降低成本，减少防洪工程的修复时间，应建设地方防洪工程。

脆弱性诊断不只取决于的危害性（淹没面积、水深、水流速度、淹没持续时间、水位上涨速度）等评估，还涉及对于相关防洪工程设施的评估。

2. 行动契机

由于风险图的使用，危害性评估的信息是有利的，但是针对大洪水的脆弱性评估还有待进一步提高。

为了促进脆弱性评估，应进行更详细的危害性评估，以保证每个个体可以真正地估计其附近的潜在危害，并考虑减少损失的方法。资产的脆弱性评估之后，应随之制定脆弱性减缓预案，针对建筑物或设施等工程以及这些工程灾前、灾后的运行方法等非工程措施提出改造方案。为了核实灾害前、后执行预案的人力配备情况，脆弱性减缓预案必须考虑到已有的应急预案。

首要的是，地方政府应对脆弱性评估负主要责任，这种做法在欧洲很常见。由中央政府和国土交通省的相关部门进行必要的培训和教育，鼓励当地政府积极参与到这个长期的过程中来。为了获得更详细的风险评估，可以通过风险图融合脆弱性评估的方法来实现。

根据风险评估和建筑类型学分类，可分为住房、公共建筑、办公室和工业建筑，首先可以在地方政府级别进行脆弱性评估。这些建筑类别还可以进一步分为很多子类别。例如，住房就可以分为私人拥有的房屋、半集体属性的房屋和集体住宅、多层建筑物等。使用测绘工具，可以对地方政府的脆弱性评估进行很好的概括，使其与为风险评估提供评估依据的洪水风险图联系起来。

风险图可以被所有利益相关者（包括公众）广泛地应用于风险宣传（图3.3）。它还对于提高公共管理者的大洪水风险意识、制定防洪风险及减缓措施的宣传策略尤其重要。为启动个人避灾战略并提高早期预警的效果，政府应提前收集关于大洪水的潜在影响和避灾的信息并传达给公民。在附录 I.4 中列举了风险图应用于综合灾害管理策略的实例，在实例中描述了国际委员会保护莱茵河的情况。

为了降低脆弱性，首先应将电力、水、交通、电信等城市公共服务网络确定为优先事项。若这些服务不可用，各个经济组织或公民很可能会感到自己的损害显著增加。例如，断电几天会对许多工厂、建筑物和设备断电严重的损坏。断电或地铁故障可能导致居民无法收到洪水预报或无法撤离受灾区，如果得不到及时修复，还可能阻止灾后恢复工程的开始或经济活动恢复的进程，大大提高洪灾的经济损失。因此，有必要更加系统地进行公共服务网络的脆弱性评估，目的是制定非工程减灾措施或是设计、建造当地工程性减缓措施。

上述减缓措施可以避免大额的经济损失。例如，现在巴黎一次百年一遇的洪水引起的经济损失仅为十年前同等规模洪水的一半，这主要得益于目前所有公共服务网络的所有者和经营者为减少自身损失以及缩短服务中断时间所做出的努力。

地方政府必须为主要的利益相关者及公众发挥领导作用，鼓励他们进行个体财产的脆弱性评估。准则是由县或中央政府机构制定的。经济资助可能是促进个体脆弱性评估的好方法。例如，2008—2012 年，位于法国卢瓦尔河流域的洪水多发区的经济利益相关者将会得到 3000 欧元的脆弱性评估资助（费用的一半由欧盟出资）[2]，通过采取适当的措施提高风险意识，并鼓励他们自愿地管理其脆弱性，可以减轻他们可能遭受的损害。

综上所述，应进行各种规模的脆弱性评估：

（1）地方政府规模，其主要目的是绘制风险图和收集数据，以提高意识，并鼓励个体脆弱性评估。主要的利益相关者（如经济主体）必须执行自己的脆弱性评估以建立减灾预案，包括当地的工程和非工程措施，通常可以从有关公共机构得到技术和财政支持。

（2）进行脆弱性评估并且建立减灾预案的所有建筑和居民，通常可以从有关公共机构得到技术和财政支持。

脆弱性评估和危害性评估共同构成风险评估，应注重宣传和提高公民风险意识。在专栏 3.2 中给出了这种结合的实例。

建议 5：地方政府需要在自然灾害危险性评估的基础上进行脆弱性评估，并向居民宣传洪水风险，从而通过工程措施和非工程措施，实现更有效的洪水风险管理和减灾体系。

专栏 3.2 如何在洪水风险评估中整合脆弱性和社会感知等因素：CEMAGREF 方法

在法国，有 CEMAGREF（法国农业、农村工程、水利和森林研究所）制定的方法是一个基于两种规模的洪水风险管理的创新工具：当地社会经济规模、河流流域规模。要实现这一目标，应该将基于风险和脆弱性的综合风险图落到实处。

此方法对脆弱的定义考虑到了灾害损失的经济价值和洪灾的社会成本。为了达到保护目的，根据可接受的重现期，给土地每一个绘制点分配一个防洪标准。最有价值的领域包括房子（防洪标准 50 年一遇～100 年一遇）、化工产业和医院（防洪标准 1000 年一遇），而草地或森林被划分为有较小值的领域（防洪标准 1 年一遇）。有必要让居民参加讨论来表达他们对风险的认知并将情感因素纳入到脆弱性层面。这种讨论可以帮助防洪工程更好地适应当地需求，但是理论使用的特定词汇和技术很难为非专家背景的听众所理解，所以他们在具体实施过程中很有可能遇到困难。

关于风险图的设计，一般通过 MIKE 等降雨径流模型进行详细的河流演进水力学评估。因为有了基于以往洪水经验的校准和理论模型的综合使用，水文评估也得以进行。模型考虑了调蓄工程的影响以及干流和不同支流的重现期组合可能性。洪水情景构建需要确定每一个土地的洪水重现期及该地区的防洪标准。通过二者的估值比较可以制定风险图。这样的风险图直观表现出连贯统一的风险值，便于专家以外的普通读者理解，并简化了确定经济活动重心的过程。

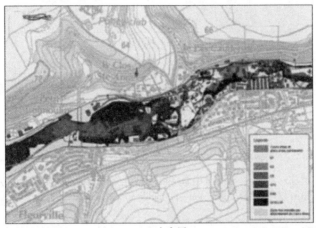

（a）灾害图

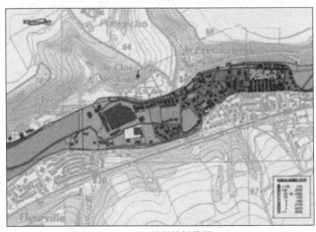

（b）易损性评价图

图 3.3（一） 风险图的实例

资料来源：文件备份 S. MEJDI，水利信息学，HIC 2006 年，法国尼斯，第七届国际会议。

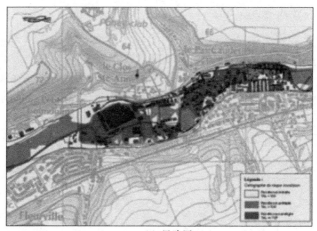

（c）风险图

图 3.3（二）　风险图的实例

资料来源：文件备份 S. MEJDI，水利信息学，HIC 2006 年，法国尼斯，第七届国际会议。

备注

[1]　根据 IDI 的估计，1822 个市政府中有 700 个已经绘制了"洪水风险图"。

[2]　资料来源：http：//uju7U3. eptb－Ioire. jT/pulilications/neu7sIetter/NL5，htm，2008 年 2 月。

第4章 防 洪 减 灾

4.1 长期坚固的防洪工程措施

日本发生洪水的频率极其高，于是政府制定政策并启动大规模工程措施来保护其人民的生命和财产安全。这些防御工程已经逐步得到完善，日本在灾害管理方面，尤其在新信息技术体系和防护工程以及安全设施建设等方面，处于世界领先地位（图4.1～图4.3）。

防洪工程措施包括河流或河道的改善工程，例如堤防、疏浚、蓄滞洪区、分洪河道和大坝的建设。一直以来，日本高度重视防洪工程措施，这非常有助于减少洪水的受灾人口。

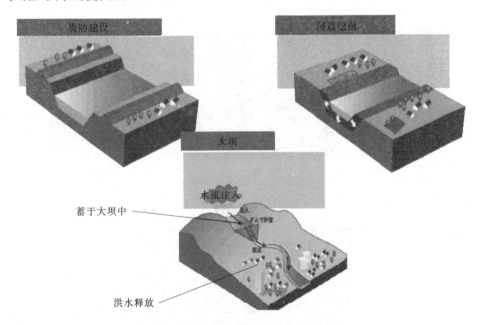

图4.1 防洪工程的实例

资料来源：国土交通省，2007年，PPT展示，"日本的综合洪水灾害管理"[1]。

城市化进程导致土壤不透水性增加，另外也导致地面滞水能力下降。实施

（a）扩宽河道和堤防

（b）蓄滞洪区

（c）滞洪区

（d）大坝

图 4.2　防洪工程措施实例（城市地区的地下泄洪区和地下调节水库）

资料来源：国土交通省，2006 年 9 月，《日本的河流》。

（a）引水隧洞

（b）2000 年 7 月洪水（Satte 市，
Midridai 2 - chome 周围）

（c）台风号 6 号，2002 年（Satte 市，
Midridai 2 - chome 周围）

图 4.3　地下泄洪河道在洪水减灾方面产生积极作用：埼玉县实例

资料来源：国土交通省，2006 年 9 月，《日本的河流》。

径流控制与雨水综合治理，目的是限制洪水流向下游。为了抑制城市化进程导致的径流增加的情况，最佳方式是建设工程设施提高河流的滞洪能力。可以实施的举措包括：

（1）维护城市化管制区。

（2）保护自然区域，如公园。

（3）建设水库、调水池和其他蓄水设施。

（4）安装透水路面和集水池。

（5）控制垃圾填埋。

（6）改进建筑内部排水设施。

例如，埼玉县已经系统地制定实施标准，使得来自新建筑物的径流不会增加现有土地利用情况下的实际径流量。这意味着当地的每一个新设施必须建造雨水渗透或储存设施，避免增加下游排入河流的水量。

尽管要完全实现防洪目标还有许多工作要做，但是日本在防洪工程建设方面是世界闻名的。

日本大规模建设的主要防洪工程以及各自作用如下：

（1）河道和堤防：河道整治包括河道拓宽、堤防加固以及河床疏浚，以保证低于指定水位的洪水可以被排出而不淹没沿河的土地。

（2）蓄滞洪区：在紧急情况下，水从溢流的河流改道。在洪水威胁消失后，水又流回到河里。滞洪区和控制区会减缓下游河段的洪水。蓄洪区中储存的水也可以作为水资源加以使用。

（3）河流的分洪河道：分洪河道是一个沟渠，它的建设是将江河中下游的洪水引至另一条河流或直接引入大海。当河道的改善不利时，就会建造分洪河道，用以输送指定量的洪水。

（4）大坝：大坝的功能是当洪水流量很大时，通过储存暴雨引发的洪水来调节下游的洪水流量。因此，如遇风暴或台风等主要降雨事件，它们可防止河水流量急剧增加。除了防洪功能外，大坝还能确保下游居民供水稳定，还可用大坝中的蓄水来发电。

（5）高级堤防/超级大坝（图4.4）：超级大坝的设计是为了防止灾难性的洪水损失发生，灾难性的损失起因可能是河水溢流、渗流或地震引发的堤防塌陷。同时它们也加强了城市空间和绿化带。超级大坝建造成本非常昂贵，所以他们只在沿岸人口和财产密集的河流上建造，可能会产生意想不到的效果（例如利根川、江户川、荒川河、多摩川、淀川等河流）。

其他措施包括增加住宅用地和堤防建设，如环形堤防。

为了应对日益增加的洪灾风险，实现更高的防洪安全目标，建设新工程设

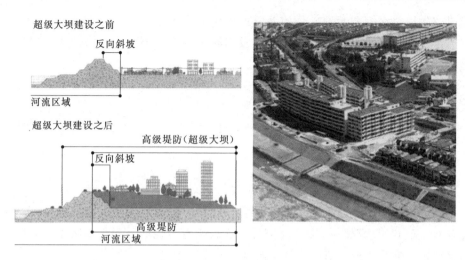

图 4.4　超级大坝的效果

资料来源：国土交通省（MLIT），2007 年，PPT 展示，"日本全面管理"。

施可能会对现有防洪设施的防洪能力进行改善。例如鬼怒川（Kinu River）上游大坝集团项目用一个河道连接起了两座大坝，提高了防洪能力，改善了河流环境。关键是在具有较高防洪功能的水坝与具有较高水利用功能的水坝之间有效地重新分配水库容量。

这些措施的成效已经在知名项目中得到证明。在埼玉县春日部市和昭和市之间有一条长 63km，宽 10m 的河道，成功地消除了周边地区洪水的隐患。2002年，在第 6 号台风期间，降雨量在 48h 内达到了 141mm，降雨量和 2000 年 7 月相似。但是由于 2002 年这条分流隧道分流了纳卡河（Naka）的水，与 2000 年的 236 座被淹房屋相比，2002 年被淹房屋的数目几乎为零。[1]

上述的焦点是河流的防洪工程。考虑台风引发的洪水风险时，不仅要考虑河流沿岸地区的脆弱性，还要考虑沿海岸线的洪泛区。必须实施具体的工程措施预防海岸洪水。日本很多地区，海岸线主要由陡峭的堤防和土坝来防止海岸洪水。为更有效地解决侵蚀、冲刷和越浪问题，最近开始实施一部名为《全面沿海保护制度》（Integrated Coastal Protection System）的法律。该制度综合实施倾斜的堤防、人工加固的沙滩以及更高的抗浪和耐侵蚀能力的人造礁石。此类工程措施还丰富了沿海的风景并增加了娱乐区域的附加值。

政府为结合防洪、水资源利用、环境保护，实施综合洪水管理策略所做的努力也是非常到位的。过去 10 年，日本的防洪政策逐渐转向采取符合环保要求的综合策略。

自从 1997 年《河流法》修订后，为了重建河流和当地社区之间的亲密联系，也为了促进可持续的河流发展，中央政府已表示出坚定的决心，即将大坝水库和滞洪区融入景观和环境建设中。一个很好的例子是鹤见地区的"多用途滞洪区"（Tsurumi Multipurpose Retarding Basin），既承担防洪功能，又作为一个娱乐区的中心，它还包括一些体育设施和一个自然公园。

1. 调查结果

日本不断地通过工程措施来保护公民安全。针对防洪方面脆弱性增加的情况，日本已经找到了很多减少脆弱性的方式。

对于由国土交通省管理的主要河流来说，长期目标是改善每一条河流，使其能抵御100年一遇或200年一遇的洪水。而21世纪初的短期目标则是改善主要河流的河道环境，保证至少能抵御30年一遇～40年一遇的洪水。对于较小的河流，长期目标则是能够安全地抵御30年一遇～100年一遇的洪水，近期目标是抵御5年一遇～10年一遇的洪水。然而，现实还远远落后于这个目标，目前准确的预防率（或者说能够在既定范围内安全排洪的河流长度的比率）仅仅有59.1%。这个数字是考虑了地方的显著差异后的一般性数据。

目前面临的另一个困难是，预算正在减少，必须在防洪措施方面设置优先权。

除了新防洪工程的建设，对政府来说还有一项重要任务，是加固现有的防洪工程。2006年9月国土交通省河务局研究以后得出的结论：需要对现有的12000km长的堤防进行加固。

流经东京市中心的荒川河在这方面是一个杰出的例子。下游部分地区在防洪方面取得了较好的效果，但是由于预算削减和新城市开发，效果不太明显。荒川河下游河管所是MLIT管理荒川河的3个河管所之一，负责沿岸人口和资产较为密集的下游河道。荒川河河口位于东京市中心。河管所的预算为100亿日元，而用于防洪工程维护的需求是130亿日元，近年来预算大幅度减少，因为认为下游的紧急投资已经完成，因此优先考虑上游项目。即便在被优先考虑的上游，国土交通省也只优先建成了规划中15%的超级大坝，剩下的85%仍然等待修建[3]。

200年以来河道重现流量达到了14800m³/s。然而，由于最近建成的可容3900万m³水的滞洪池（始建于1970年，竣工于2004年，成本为400亿日元）与上游大坝一起完成，河道安全性已大大提高。防洪总体预案的目标是通过建设其他防洪设施，使最大河道流量减少到7000m³/s，但是关于这种设施的建设资金尚未分配到位[4]。

这表明，尽管日本有可能比任何其他国家都更加努力地去保护洪水多发区，但是当前的工程措施不足以提供给居民和土地必要的保障。另外一个观察结果是，在部分洪水多发地区，由于堤防等洪水工程措施的保护降低了洪水风险，导致建筑物和城市功能的进一步集中，一旦发生洪水，灾害损失将会大大增加。同样，气候变化导致大规模降雨和台风的数量增加，这意味着日本在抵御洪水方面的脆弱性增加。相应地，要解决这些问题，所需资金的数量会成倍地上升。考虑到当前目标以及已经实现的安全程度将会随着降雨量的增加而降低，政府间气候变化专门委员会（IPCC）的预测显示需要制定适应新的变化形势的防洪灾害管理措施（请参阅专栏 4.1）。

专栏 4.1　气候变化新形势下，日本适应性减缓策略的指导方针

政府间气候变化专门委员会作出预测，气候变化导致大洪水发生的概率增加，2008 年 3 月中央政府相应地发布了适应性减缓策略的基本指导方针。面对恶化的防洪安全，这项建议提出了加强工程措施和进一步实施非工程措施。促进战略明确指出：

（1）采取基于工程措施的适应策略，提高其可靠性，延长现有设施的寿命，并不断构建新的设施。

（2）根据预测以及实际发生的降雨量重新定义保护级别。

（3）灾害损失减缓策略应该通过以下方式实现：

1）发展区域性适应策略，包括限制和评议土地使用、规划淹没社区（例如：堆土房）的指导。

2）风险管理的改进，包括响应措施、灾后恢复措施和重新安置措施。

这些战略给出了日本政府积极结合工程措施和非工程措施的信号。然而，还需要加强措施的实施。

资料来源：日本国土交通省（MLIT），2008 年 3 月 11 日，河道规划科 PPT 展示，"与洪水有关的适应措施，减少因全球变暖而导致的气候变化的影响"。

2. 行动契机

考虑到目前的洪水风险，日本须强化工程措施，但经济状况和发生大洪水的概率增加意味着单纯的工程措施是不能解决问题的。很有必要建设新的工程措施，同时加强现有工程措施的维护以保持其最佳效率。为了最大限度地利用现有资源，应加强当地的成本效益分析，以及面向公众、团体和企业（包括保险业）的风险宣传，因为这些都是与不断上升的损害成本、灾后恢复相关的成本直接相关的。为了设置优先级，应该系统化地实施成本效益分析或多目标分析。

日本中央政府应进一步将河流改善工程整合进自然与社会环境改造中。这将提高公民对于水利资源和洪水管理方面的认识。日本已经存在将与水利工程和发展休闲区结合起来的实例。而部分案例应该作为推广的模范，例如：神奈川县的桐丘调蓄水库（Kirigaoka regulating reservoir）平时还可以作为一个网球场（图4.5），鹤见地区多用途滞洪区（Tsurimi Multipurpose Retarding Basin）的案例也值得推广。

(a) 泛滥控制设施

(b) 洪水中的桐丘水库

图4.5 桐丘调蓄水库（Kirigaoka regulating reservoir）

资料来源：国土交通省，2006年9月，《日本的河流》。

在推广工程措施的同时，其他非工程防洪措施也应得到重视。应对公民加强风险宣传，保护社会安全，减少损失。这需要加强洪水风险管理，不仅仅局限于风险预防，还要在洪水发生时尽量减少损失。

应根据气候变化重新确定防洪目标，并执行相应的适应性措施。

建议6：目前，针对洪水的脆弱性以及洪灾风险的增加，尤其是考虑到气候变化，需要加大工程措施的投入，并加强工程措施与自然环境和社会环境的融合。

4.2 进一步实施减缓措施

防洪战略中，有限的资源和工程需要大量资金，这不仅导致减缓措施的需求增加，还需要降低洪水多发区居民的脆弱性。此类措施可适用于新的建筑，涉及土地使用、城市规划和建筑要求等方面。

有关土地利用的法律体系由《土地基本法》（*Basic Acts for Land*）和《利用与规划法案》（*Utilisation and Planning Acts*）组成。根据《国家土地使用规划法》（*National Land Use Planning Law*），各县在与中央政府商议后制定出当地所有土地有关的"土地使用基本预案"（即《土地利用总体规划》）。《土地利用总体规划》根据各县土地的使用方式，为城市和农业用地提供区域规划。从法律的角度来看，在制定过程中，《土地利用总体规划》不需要公民和非政府组织的讨论。土地使用条例的实施要符合《土地利用总体规划》，以所有具体法律为基础，并符合每一个具体法律的规定[6]。

关于 3 个最大城市的土地规划，将划分为"促进城市化发展地区"和"城市发展控制地区"（原则上禁止发展城市建设的地区），具体划分的依据是《城市规划法》，由地方政府负责实施。这个区分原则上由各县级政府来实施，但需要中央政府批准通过。依据《城市规划法》，可能发生溢流、洪水、海啸或高潮汐灾害的地区不允许划分到"促进城市化发展地区"（即划定为 10 年内要优先发展、系统化发展城市化建设的区域）[7]。

《建筑标准法》的条款中规定了建筑标准。该法律为土地策划、建造物、设施和建筑物使用提供了最低标准。关于洪水风险，该法律的第 39 款第 1 条允许地方政府将面临海啸、高潮汐或洪灾风险的地区划定为"灾难高风险地区"[8]。

这种地区的数目由 1997 年 3 月的 20 个增至 2007 年 3 月的 65 个。

1. 调查结果

地方政府关于减缓中等规模洪水损失新措施显然由地方政府制定并进行公共宣传的。

就城市规划而言，一些地区被称为湿润区或洪水易发区，为了保持汛期的防洪能力，应该避免这些地区被当地政府开发，埼玉县在这方面就做得很好。

为了减少损失、增加居民的安全系数，一些市县已经设定了建筑标准。例如，在部分地区，一座新建大厦的一楼必须高于附近河流的上限水位，川口市就有这种限制。为了制定类似的要求标准，需要一份风险评估让投资者了解可能导致洪灾的上限水位。

不仅仅是地方政府，部分重要的利益相关者也已经参与到减缓措施中。例如：东京地铁公司[9]已确定了所有可能会被当地中等规模洪水淹没的出入口，并建造了相应的防洪工程；同时，为避免洪水进入，已经关闭了一些隧道或地铁出入口。为了能够安全、及时地运作此类工程，还结合了早期预警系统。在访谈过程中，一家位于荒川河与中川河并行流动的大堤附近的公司自愿配合非工程防洪措施，该公司决定搬离东京这个大都市，转移到一个相对安全、其他行业集中的地区。

虽然高风险地区的数目日益增加，但是，还存在许多地区，虽受堤防保护，但因为土地使用、城市规划或建筑规定等非工程防洪措施并未系统地付诸实施，所以也面临着大洪水灾害的风险。另外，政府似乎并没有限制土地的使用，显然没有采取任何降低脆弱性的措施，在一些有堤防保护的洪水多发地区，政府的政策甚至鼓励人口或资产的集中[10]。

为了建设能够防火灾和抗震的建筑、保证公共安全，日本已经制定了世界上最严格的建筑标准。也正是因为严格立法，这个国家70％的建筑物符合严重地震对于建筑物安全系数的要求。这意味着，尽管大部分建筑属于私人公司或个人所有，政府的体制和管理制度在推动和落实建筑标准要求方面发挥了主导作用。另外，由于政府进行了地震风险意识和历史灾难方面的公共宣传，建筑标准要求被整个国家的社会团体所接纳。时至今日，不遵守建筑标准要求的行为可能会遭到邻居的控诉和指责。

关于洪水风险，虽然国土交通省制定了全面的建筑物安全标准，但是，对于部分有防洪工程的地区，建筑标准并没有得以严格执行来降低脆弱性，更不用说使用能够减缓洪水损失、提高公共安全的防洪材料。

2. 行动契机

事实证明，许多经合组织成员国，为了减少脆弱性而限制土地使用，如果进行更多的风险宣传和开放式对话，而不是简单粗暴地禁止建设，那么土地使用限制以及建设标准很可能被公民所接受。此类限制必须被纳入总体城市规划和开发方案中。

即使在有堤坝保护、允许土地使用的地区，在规划和设计阶段，也应该对新建建筑进行重大灾难相关的脆弱性评估、尽量降低脆弱性。减少脆弱性意味着设计建筑物时就应考虑到：如何降低大洪水发生时的物质损失，如何促进应急响应管理，如何完成从设计阶段到运转准备阶段的过渡，如何更简单、快速地进行灾后恢复这一系列问题。

例如，英国颁布的《可持续家园法典》中规定了弹性的标准要求。此类标准可能包括对施工材料的要求：可以抗水浸、被水浸后能迅速恢复。此类建筑材料的标准正逐步被欧洲国家所接纳。一些建筑物料可以浸水一段时间，而其他建筑材料（例如某些类型的木质材料或绝缘材料）却做不到。也可以鼓励建设不易发生洪水的城市，或者制定建筑物标准、确保建筑物即使发生高于5m的大洪水也能迅速恢复。

在面临大洪水风险的地区，限制土地使用的非工程措施必须经过慎重考虑、不能简单地采取"不允许建设"的形式。根据日本的实际国情，资产和人口集中在洪水多发地区的情况也是不可避免的。

必须在城市规划阶段就实施限制土地使用的措施，并实施降低大洪水事件中区域脆弱性的措施。那些非常脆弱的建筑物，置居民的人身安全和重要资产于危险当中，例如医院和其他危险源，应该被转移到洪水风险较低的地区。这样可以规避昂贵又危险的疏散活动，减缓灾害损失。建在高风险地区的建筑物必须符合以下条件：有效的早期预警系统、较少的疏散需求量、充分的建筑物标准，以确保减缓损失。

当地政府应针对在建建筑物制定相关限制和要求的标准，并为此提供支持。通过提高所有决策层的风险意识、进行居民参与的公众风险宣传来降低脆弱性，地方政府可以促进工程和非工程减缓措施。然而，由于风险宣传可能会对私人投资的新建筑、对经济活动的开展以及对不愿意以减灾为目的而进行新投资的大公司的满意度产生负面影响，所以洪水风险宣传对地方政府而言可能构成一个大挑战。地方政府可能会承受重大的政治压力，这种压力可能来自于建造许可证或者私营企业额外开支需求等方面。但是从另一个角度来看，特别是从选民的角度，确保人民安全是政府的主要职责之一，为可持续发展和安全而采取的减缓措施有可能得到全面认可。因此，一定存在一个可以向市民和私人投资者宣传减灾限制和规章的方法，可以通过适当对居民安全和降低个体恢复成本来减少各方面的压力。

在英国，政府制定政策的目的是确定洪水风险能被考虑进规划过程中的各个阶段，避免在洪水风险地区进行不适当的活动，并且引导人们开发洪水风险较低的地区。如果一定要在洪水风险区域内进行新的开发和建筑，政府应确保所有活动得以安全地进行，不增加洪水风险，并尽量能够降低洪水风险。

建议 7：目前亟需有效的非工程措施，健全防洪减灾措施，抵御洪水风险。

4.3　与危险行业有关的特殊风险

洪水减缓措施实施中的一个重要挑战，就是防止污染环境的石油和其他有害物质随着洪水进行扩散。有害物质在环境中得以扩散的一个重要因素是雨水，但是发生洪水时，洪水会使石油和其他有害物质的扩散范围更广、数量更大。例如，洪水受到压力冲击进入工业场所，引起有害物质的意外释放和泄漏。1999 年的巴伐利亚洪水期间，被石油或其他物质污染的建筑物损失总额是未受石油污染的损失总额的 3 倍。有时，由石油污染导致的损失甚至趋近于灾害损失总量。保护财产和环境是一个核心问题，但是人口安全是最首要的问题。

在包括日本在内的发达国家，为确保安全，防止、减少对环境的影响，所有危险活动必须根据风险评估采取相应的预防和准备措施。对危险行业的法律要求和限制有非常深远的意义。还要由主管部门的对危险行业进行定期检查。新的危险行业的设立，需经过规定及主管政府的批准，才可获授适当活动地点。即使对于已获批准的行业，安全要求可能也会非常繁琐，因此搬迁成为一种最具经济、最有效的解决方案。

尽管日本是受自然灾害威胁最严重的国家之一，但是目前只有针对和地震、非洪水灾难相关的危险行业才会采取正式管理措施。

自 1991 年以来，在德国巴登-符腾堡州洪水已经造成了约 10 亿欧元的经济损失。据估计，在莱茵河上游地区的、与 2002 年易北河洪水（Elbe floods）相同规模的、灾难性的大洪水将会造成大约 60 亿欧元的损失。很大比例的损失是由泄漏到洪水中的危险物质破坏建筑物和其他建造物所导致（从家庭取暖燃料到保护不当的工业设施）。事实上，保护莱茵河国际委员会（ICPR）进行的研究表明，对此类危险设施进行防洪改造可减少 50%～70% 与洪水有关的灾害损失。

根据这些事件和发现，巴登-符腾堡州的政府最近加强了和防洪相关的立法。除要求为整个巴登-符腾堡州制作和发布详细的洪水风险图外（由 2010 年提供），新改革扩大了法律的保护范围，以保护所有洪水易发区的潜在危险设施。所需的安全水平取决于危险物质的类型和数量以及设施所暴露的洪水风险等级。例如，所有的设施必须确保能经受住 50 年一遇的洪水袭击；那些具大型或者极其危险的装置必须能经受住 100 年一遇的洪水的袭击。制定新的法律条款确保现有的危险装置会进行定期更新[11]。

改革活动还制定了全面公开、可获取的信息材料，以及保护危险设施免于洪水袭击的实用指南。

1. 调查结果

对于设施对人类健康和安全以及环境的潜在影响，日本已有明确的法律规定。不同的法律适用于不同的行业，《城市规划法》与《工商业设施的重新配置法》是《城市规划法》中两个最重要的法律，工业区的定义，是在跨部门决策过程中定义的，在国土交通省、经济产业省和环境省 3 个部门之间强制性的三方协议进行了说明。

工业区有三种定义：特许工业、工业和准工业区。根据法律，"准工业区的选定主要是为了促进那些不可能恶化环境的产业"。划拨土地应涉及"住宅环境的保护，促进商业和工业的便利、维持景观的美丽，预防对公众造成危害"。这说明工业执行标准在城市规划阶段就得到关注。此外，日本的安全和产业安全，尤其是化工产业安全，被认为是一个高的标准。1999 年 11 月进行的一次对"法国大使馆科学和技术服务"的访谈，突出了日本工业风险管理非常先进的水平，重点是地震风险管理以及日本完善的、限制可用空间的产业政策。

然而，法律并没有规定土地所有者的义务或对其进行限制，避免在大洪水风险较高的洪水易发区进行建设。即使没有立法，大多数大型日本公司已在他们自己的利益的驱使下自愿将他们的生产站点迁出了城市中心和洪水易发区。

例如，一家在审查过程中接受了访谈的公司已搬迁了自己两个生产线，并且正在考虑搬迁其剩余的设备脆弱性最低的生产线。每个工厂的搬迁成本为 10 亿～30 亿日元。只有小家族企业目前仍设在该地区。主张离开洪水易发区的一个主要原因是并不存在对抗洪灾风险的保险制度。估算洪水损失成本是说服公司搬离洪水易发区的一个很好方式。然而，已经采取的减缓措施还不够有效、为了保证人身安全和环境、仅靠行业的良好意愿显然是不够的。对于极其危险的行业，还需要法律更系统地解决洪水风险问题。

在一场台风期间，Tone 河的堤防被摧毁，从而引起的严重洪灾，老铜矿山地区被淹没并且造成了相当严重的污染问题。这样的例子证明，目前在这方面的防洪措施是不足的。

2. 行动契机

化学和核能行业，尤其是大型的项目中，在风险评估、制定预防和准备措施时，应该有充分考虑洪水风险的法律责任。在安全评估的经典框架中，估算洪水的影响应该是必要的一部分。除了个别危险企业搬迁，还应在立法中更严格和系统地实施行业要求，避免在洪水易发区建立新的危险行业。为在现有危险行业中取得满意的安全和环境保护的水平，需要制定新的法律、要求进行应急预案和应急准备。此类措施可以和现有的抗震措施并行。

建议 8：制定适用于危险工业活动的法规，应该要求经营者评估并管理与洪水有关的风险。

备注

［1］　资料来源：国土交通省，2006，《日本的河流》。

［2］　资料来源：国土交通省，2007，《日本河流管理》。

［3］　资料来源：经合组织调查小组对荒川下游办事处的访谈，2007 年 5 月 15 日。

［4］　资料来源：通过经合组织调查小组进行的荒川河附近设施的访查，2007 年 5 月 17 日。

［5］　日本交通厅，关东地区发展局，Tsurimi 河流域水事委员会，2004 年，《生活和生计限定地球：再生的 Tsurimi 河流域的景象》。

［6］　资料来源：经合组织调查小组对土地和水务局（国土交通省）的访谈，2007 年 5 月 14 日，以及与埼玉县的访谈，2007 年 5 月 16 日。

［7］　资料来源：经合组织评述小组与城市与区域发展局（国土交通省）的访谈，2007 年 5

月 14 日，以及与埼玉县的访谈，2007 年 5 月 14 日。

［8］ 资料来源：经合组织调查小组对住宅局的访谈（国土交通省），2007 年 5 月 14 日。

［9］ 资料来源：经合组织调查小组对东京地铁公司的访谈，2007 年 5 月 18 日。

［10］ 资料来源：经合组织调查小组在埼玉县的访谈，2007 年 5 月 16 日。

［11］ 资料来源：巴登-符腾堡州环境、洪水防护部有关水中有害物质存储和处理设施的要求。

第5章 应 急 响 应

日本的洪水应急响应已被视为"综合灾害管理体系"的组成部分，该体系已经发展成包含由防灾、减缓、准备、应急、恢复和重建等环节的完整周期的管理体系，即：一方面是洪水防范和河流管理，另一方面是应急响应管理。该系统确保了强有力的国家领导和跨部门的协调。根据《灾害应对基本法》（*Disaster Countermeasures Basic Act*），中央政府、地方政府及公共团体都有责任、在其职责范围内保护居民的土地、生命和财产不受自然灾害的破坏[1]。

5.1 洪水期间的协作

防洪工作一直以来由村镇级自治组织实施和发展，鉴于这样的历史背景，根据《防洪法》，防洪管理的实体应该是市、村镇级政府。市、村镇级政府组织防洪小组，参与到由消防机构指导的防洪工作中。由此一来，应急响应的实施责任主要由市政府负责。

如果暴发大洪水，需要地方政府不能提供的资源，则由中央政府向地方政府提供全面支持和指导，确保合作和协调，并提供灾害管理所需的额外资源。

此时，中央政府会在"危机管理中心"迅速召集一个"应急管理小组"，由各部门总干事组成，记录和分析灾情。由灾害管理国务部长领导之下的内阁办公室确保减灾行动中的全面统筹和协调。同时，内阁秘书处根据"内阁信息收集中心"每天 24h 收集的数据，向内阁提供灾情动态和信息。

红十字会可以自行或根据与其达成协议的地方政府的要求，参与减灾行动[2]。任何红十字会分会，只要其成员认为条件具备，都可以向洪灾现场派出救援小分队。红十字会的行动通常具有长期性，因此，与参与减灾行动的地方政府均建立了良好的合作关系。

紧急情况下，国土交通省河务局负责河道管理和防洪工作，在大量志愿者协助下参与灾难中的消防工作。国土交通省河务局的与许多公司订下合同，以便在堤防决堤时，立即对遭到破坏的部分进行抢修。这些选定的承包商与河务局均签订正式施工合同。应急响应往往需要在不了解灾难规模的情况下开始行动，因此承包商必须在没有经过招标过程之前，按照合同既定条款立即采取相关措施，还必须在义务区域内就近支配资源。这些公司将时刻做好应急救援的准备，必要时不同公司之间可以互相支援。9 年前堤防决堤事件的经验表明，此类应急事件能够以应急预案所预见的方式进行处理。

东京地铁有限公司等关键基础设施提供商负责在暴雨天气展开防洪行动，其他则依靠堤防工程进行防护。地铁站的通风系统、隧道及通往隧道的通道可以视天气情况而关闭。为此，有一个远程控制中心，通过远程控制来关闭以上系统。若遇洪水，一个地铁站的信息会被传送到本条线路每一个地铁站，其他地铁站可以视情况采取进一步的措施。尽管如此，如果发生大洪水引发堤防决堤事件，还是缺乏相关的既定预案。

河管局负责组织年度演习和操练。每年汛期开始前，就会对当地居民和政府工作人员进行培训，培训洪水早期的堤防保护技术（图 5.1）。此类措施成本低，却能获得积极成果。

（a）沙包打桩技术（2004 年新潟和福岛的暴雨）

（b）新潟县的伊卡拉什河

（c）沙包打桩技术（Tsumidono ko）（2005 年 M 号台风）
宫崎县的大淀川

图 5.1 防洪行动
资料来源：国土交通省（MLIT），2006 年，日本。

政府推动连续作业规划，作为组织和行业风险管理的重要工具。从私营部门开始，这种做法现在逐步扩展至公共部门，也扩展到了许多其他经合组织成员国。例如，在英国就有"英国连续作业管理标准"。连续作业规划提高了风险意识水平，并确保正规的预防和备灾措施（尤其是重要的工程措施）能够真正到位。此外，它还可以减少灾害的直接或间接经济影响和社会影响。在日本，中央灾害管理委员会已经制定了连续作业指导方针。

发生洪灾时，根据《防洪法》的规定，政府可调动志愿者参与救援（全国约 100 万兼职人员——然而，一个大问题是这一数字正在减少）。地方政府相关人员接受救援培训，并等待协作的通知。地方政府之间事先已经达成互助协议，县政府必要时也参与协作，因为在救援过程中各级政府之间是平等的。关于地方政府外部应急响应支援的条款受到同一辖区各市政府之间（1940 年制定协议）或者各辖区之间（第 558 条协议）的互助协议的约束[3]。

此外，"阪神-淡路大地震"之后，在中央和各级地方政府建立了一套平级命令或控制的制度，目的是为了应对大规模灾害。其作用是通过协调从其他地方调配来的资源，来补充市政府的应急响应能力。这个大规模的救援和人口疏散制度目前还没有被付诸实践。

然而，只有当地方政府能力不足时，也就是洪灾的严重程度超出了受灾地区政府的响应能力时，中央政府才发挥其作用。之后，国土交通省、国家警察厅、日本总务省消防厅以及日本海岸警卫队都会给予大力支持。此外，应受灾区地方政府的要求，可以调度自卫军参与应急响应行动。正在建立针对运送医疗援助队和运送重伤员到受灾区外基地医院的急救方的全面医疗运输体系。

日本总务省消防厅（FDMA）是中央政府针对火灾的管理机构，与县政府和市政府并行履行核心职能。日本总务省消防厅（FDMA）的员工由全职和兼职工作人员（一定比例是志愿者）组成。志愿者兼职员工占了很大比例，但是，如上所述，志愿者的招募正在变得越来越困难。

关于日本的灾害管理或者事故应对的领导和指挥方面，普遍的观点是：多数洪灾的规模有限，所以地方洪灾管理机构能够采取初步响应措施。随着灾难的规模升级、影响的范围扩大，责任被转移到更高一级的行政机构。由于洪水淹没区超出了行政市的边界，救灾指挥系统也会发生较大改变。一个强大的自上而下的管理体系对于大范围、大规模的灾难来说是有效的、甚至是必要的，但是它对于日常小规模紧急情况和灾害管理来说却并不适合、且效果欠佳。在一个地势低洼的大城市，正在考虑建立一个新的、基于重大灾害方案的指挥流制度（command-flow system）。然而，一般而言，地方小规模灾难事件频率比较高，因此市政府需要时刻做好救灾准备。因此，进行备灾以及常规防洪工作的地方灾害管理机构也应能够提供高水平的灾害管理能力，并随时有效地调度资源用来进行即时救灾。

1. 调查结果

从日本历史上遭遇过的严重灾难中吸取经验教训，日本中央和地方政府已经逐步建立起"综合灾害管理体系"。在大多自然灾害尤其洪水风险方面，整体上防灾组织结构全面。放眼全球，日本可调动的减灾资源的数量和质量都令人印象深刻。这次评述的一些调查结果可以作为经合组织其他成员国效仿的示例和实践典范，评述还可以被看做日本防洪或应急响应的进一步发展。访谈结果认为灾害管理体系中有待提高的方面主要是协调、指挥和控制以及清晰度。

在日本，和其他国家一样，许多市级地方组织参与到防洪应急响应等工作中并发挥重要作用。但原则上，市政府应主要承担必要的响应或救援工作等执行责任。必要时，他们将根据已达成的协议在县政府的协调下展开合作。

若遇到重大洪灾，为有效地进行应急响应措施，需要日本中央、县、市三级政府共同应对时，就需要一个明确的指挥链。这尤其重要，因为中央政府在灾难应急响应时总是大众媒体所关注的中心，对于危机管理拥有全面的政治责任，同时，也是事情解决不好时大众所问责的对象。

此外，地方与中央政府职能上的划分，例如所涉及国土交通省河管局和JMA、国家警察厅、日本总务省消防厅（FDMA）以及日本海岸警卫队以及自卫军等机构的责任划分并不清晰。

当建立"紧急灾害管理指挥部"时，作为指挥部的主管人员，首相可以根据《灾害应对基本法》第28条的规定向各州长发号施令。根据洪水的规模，在政府中彻底改变灾害管理的组织，这样就造成了复杂性。来自不同地区和部门的经验表明：在防洪应灾期间，应该避免组织机构的变化，以避免造成混乱和不确定性。

对于危机管理系统中的所有参与者来说，尤其是涉及地方政府一级的人员时，中央政府和地方政府之间的指挥链以及工作衔接需要特别明确。在访谈期间，不同机构中的人员对他们的责任非常积极、坚定，同时也展现出了出色地完成责任范围内工作的能力。另外，他们却对其他机构的职责和整个综合灾害风险管理体系中的角色缺乏一般性认识。在附录Ⅰ.6和附录Ⅰ.7中对荷兰应急响应制度和瑞典的协调减灾活动进行了说明。

2. 行动契机

日本的应急响应看起来组织缜密、准备充分，但这仅仅是针对小洪水和中等洪水灾害、甚至大洪水灾害的初期而言。尽管日本在这一方面的能力优于大多数其他国家，大洪水灾害的应急组织和管理方面仍是今后关注的焦点。尤其是，应该将更多注意力放在应急响应方面，原因是：一方面，不同级别和不同部门参与应急行动；另一方面，指挥和控制结构极大地改变，这反映出更复杂的协调和合作的需求。各公共部门必须明确责任，还要形成一个更具说服力、更清晰的国家级的"指挥链"。

在大洪灾期间，中央政策的执行机构很多都发生了改变。危机管理过程中改变组织机构有可能导致混乱，为迎接更大挑战，需要建立更加有效、无缝的管理机制。

有迹象表明需要进行系统化、常规化的公民教育，以及灾害管理体系所涉及的不同部门、不同级别的人员培训。这样的培训可以包括联合情景模拟（基于桌面练习和指挥、控制训练），辅以大型的、令人印象深刻的演习，包括可用资源免受洪水破坏的定期演习。其他国家已经开始实践这种教育和培训的做法。

日本曾经在利根川（Tone River）进行过这样的大洪水应灾的培训演习，并进行观察和访谈。这次演习大量使用志愿者组织实施防洪措施，并和消防队及其他相关单位进行配合。主要目标应该是鼓舞和激励公众参与，建立公共意识，并让人们熟知这些机构的职能。演习动用了大量救援船只、直升机和其他救援设备，展示了各种预防和防洪以及拯救生命等救援行动。许多来自不同机构的参与者（包括红十字会和自卫军）参加了这次培训演习。

中央政府与各辖区需要制定措施、巩固小自治市的灾害管理能力。为其提供人员培训和教育，包括灾害风险管理相关法律和行政方面，而恰恰在这方面中央政府的工作非常缺乏。更大胆的办法是像瑞士那样，通过促使市政府为了灾害管理职能签约，更好地集中本地灾害管理资源，或像荷兰那样，通过创建分区的方式，在分区里市政资源将会被集中起来共同使用。

建议 9：应精简和优化应急指挥系统，对应急机制中各级政府部门的职责进行明确划分，并透明化。

5.2　大洪水中的避难和疏散

在综合防洪管理体系内，日本已经根据法律要求，在淹没区和滑坡多发区建立了早期预警和疏散制度。2005 年对法律进行了修订，目的是加强措施，让灾难中的救助对象熟悉洪水风险地图、识别和传播灾害信息的方法，例如，在"城市灾害管理方案"（Municipal Disaster Management Plan）中的老人。政府已经制定和公布了全国 248 条主要河流和 940 条中小河流域的淹没地区，并且还要求相关市政府促成洪水风险图的制定和传播。

疏散身处风险中的人群在一定程度上与洪水风险信息的搜集和宣传有关。目前观察到防洪工作中的实际疏散率较低，但还没有更好地掌握人们为什么选择不撤离的根本原因。美国的一些研究表明，疏散公告中使用的语言差异，例如危险程度是"强制撤离"还是"推荐撤离"等会导致人们行动的差异。"强制撤离"会得到人们更多的关注。同时，公告发布得越早，实现充分疏散的机会也就越大。但是，现实情况往往有很大的不确定性，一旦公告信息不准确，可能会造成下一次灾难事件中更多的人不撤离的现象。

1. 调查结果

为了解决灾难事件中疏散人口密集区的大量居民，政府已经制定了"洪水风险地图"，并建立了早期预警制度和疏散措施。在汛期之前，会向公众发布洪水信息和风险地图。

由河管局对每一条河流的风险和脆弱性进行评估，并将结果报告给辖区政府。

当河流水位达到一定数值时，会发出预警，即提供洪水信息宣传或预测。从水位达到橙色警戒线那一刻起，防洪队伍就开始在堤防工程上巡逻（因水位超过警报线可能引发堤防决堤），并且将堤防动态信息回报给相关县、自治市政府，作为疏散方案决策的基础。市政府必须在这些信息的基础上考虑疏散方案。

中央政府与各自治市就洪水预警信息保持密切联系。每年的 6—10 月的雨季前进行操练或演习。当涨潮并有重大洪灾风险时，会发出 3 个级别的预警：橙色为一般警戒，蓝色为准备疏散，红色为实施疏散。通过使用情景构建来制定救援方案和风险图等，由日本气象局（JMA）支持市政府划定洪水淹没的范围。信息会向公众发布，包括各学校。然而，很多居住在低海拔地区的居民已经有 30～40 年没有经历过洪水了，且大多数人都是从其他地区域搬迁而来的，这就造成公众风险意识低的问题。只有长期居住的居民风险意识较高。

尽管东京地区政府已经在灾害应对方面积累了非常实用的经验，但是针对大规模灾害后果方面依然准备不足。例如，如何在公共交通瘫痪时疏散 300 万民众；以前一直强调预防措施，但最近发现管理灾害的能力还有待加强。目前已经组建了专家小组来为技术性措施明确目标。虽然大规模的预防措施更有效，不过，近年来预算减少、预防措施长时间不能得以实施。于是近年来有强化备灾措施的趋势。

此次访谈集中在川口市、埼玉县和东京隅田区，通过让普通民众参与演习，做了大量努力来提供避难所，并简化疏散过程。在灾害期间动员防洪力量（一支涉及 1800 个单位和 90 万人口组成的队伍）原则上和消防队相同，或整合进消防队。由各自治县负责航空港和产业维护准备。

川口市有 50 万居民。该城市大约有一半地表海拔高于 12m。在大洪水中，这些地区能够为该市的人口提供足够的疏散和避难场所。但是，却不能容纳来自周边城市（包括东京市）的人口。政府有关方面已经开始讨论这个问题[4]。

东京市的隅田区（Sumida Ward）有 23 万居民。隅田区从一家私人气象公司购买降雨等气象资料（这个公司提供的信息比日本气象局更详细）并通过传真发送给地下设施的业主。隅田区没有任何其他的备灾活动。尽管有关灾难风险的资料都已由国土交通省的地方整备局转交，但是其风险地图尚未完成，因此疏散是一个问题，在隅田地区没有可用的区域在洪水中提供疏散和避难场所。找到了一个可行性方案，但需要得到东京政府和国土交通省的批准。而此时法律并没有提供系统的协调程序。隅田地区有限的防洪措施由民用工程局（civil engineering division）负责执行，并由"灾害管理局"进行灾害管理。但是并没有明确定义什么样的职能将会被转移到"灾害管理局"[5]。

2. 行动契机

由于河流特点、气候变化导致极端天气事件增加的可能性，以及洪水多发区高度集中的资产和人口，日本面临大洪水事件的可能性增加，大洪水中需要迅速疏散的人口高达 100 万甚至更多。

这种背景下，访谈结果（尤其川口市和东京隅田地区以及埼玉县的访谈）明确表明，在大规模疏散工作中，需要中央政府和县级政府展开积极合作。这种合作中的协调措施必须通过充分、有效的工具来保障，以便市政府采取适当的应急预案。因此，需要通过立法来提供系统的协调程序。

关键问题不只是避难所和疏散区域的选择，还有大洪水事件中如何在公共交通瘫痪时疏散多达 300 万的灾民。在这方面，需要地方和中央政府政府积极的协调，内阁办公室更加积极地通过自上而下的方式促进各市之间防洪救灾工作中的合作。

即使各自治县与许多市已经建立了联系，但似乎并未参与到消防和救援工作中。为减少救灾工作中的困难、增强其他利益相关方面的灾难意识，并更好地做好备灾准备，在备灾过程中考虑到区域特点，要在各条河流、各个城市以及各个土地使用项目中涉及救灾、消防工作。关于最佳方案，中央政府的要求可以促进、协助实现这种合作。这将逐渐提高有关机构的风险意识。

建议 10：迫切需要为大洪水风险地区的居民提供充足的避难所和疏散路线，包括加强地方政府之间的合作。

5.3 针对最脆弱群体的应急响应

在灾难事件中，一部分人员比其他人更加脆弱。这种脆弱性可能是地理性的，即与周围其他地区相比，一些人口所居住的地区更容易发生灾害；也可能是经济性的，即一些人在灾难中可能缺乏必要的保险、疏散或者重建家园的财力。新奥尔良的卡特里娜飓风灾难表明了灾难中人们经济脆弱性的重要性。低收入群体不但集中居住在地理上更容易发生洪水的低洼地区，也缺乏疏散的手段。

脆弱性也可能是身体上的，即疾病或伤残可能会阻碍一个人躲避愤怒，脆弱性还可能是文化、社会或者认知方面的，即一个人缺乏包括语言技能在内的文化能力，从而不能理解危险标志和紧急信号并采取相应行动的能力。

上述所有方面人口的脆弱性正在不断增加。即，一些地区由于城市化发展而在洪水易发区开发居住土地导致地理方面的脆弱性；在许多经合组织国家，人口的经济脆弱性也正在上升；以及由于人口老龄化而造成的身体上脆弱性。最后，文化脆弱性也随着移民和旅游业的比重上升而增加。也可以认为，越来越多地使用和依赖 IGT 导致认知上的脆弱性，即为那些不习惯使用现代科技的人造成了障碍。

老年妇女的多方面的脆弱性说明一些问题。在日本，1975—2003 年，家庭中长者的数目急剧上升，在全部家庭中从 3.3% 增长到 15.8%。在这些家庭内的单身户数量增加了 5 倍，从 61 万人增长到 341 万人，这其中的大部分是妇女。应该指出，独自生活的老年人，特别是妇女，在经合组织国家的人口中是经济最弱势的群体——这种情况在日本尤其明显[6]。

一般情况下，老年人在灾害期间更不容易恢复，例如在"阪神-淡路大地震"中，年龄在 65 岁及以上的人口，和其他年龄段的人群相比死亡率更高。这种情况部分可以由这样一个事实来解释，即许多老人居住于传统的和低成本的由木质房屋组成的住宅区内——这些建筑在地震期间更容易被大火摧毁。在日本最近的一些洪涝灾害中，受害者绝大多数都是老年人，在欧洲，2002 年的热浪灾难期间老年人的脆弱性再一次得到证实，那次热浪夺去了 3 万多人的生命[7]。

1. 调查结果

2005 年的修正《自治市灾害管理预案》的目标是加强救助，例如进一步确定传播灾害信息的方式方法。在灾害发生时，及时将救助信息传送救助设施，以能够在灾难中为需要救助的人群（如老年人）提供帮助。必须采取特别措施去照顾一些群体，例如老年人、伤残人士及穷人，因为他们没有办法独立地撤离出受灾区域。必须为他们提供援助和专用运输设施。

许多市政府在一些弱势群体居住的地方（养老院，老人的住所等）收集数据。使他们可以在市政府"社会福利联系人制度"的框架内得到帮助。但还存在一个问题，由于隐私保护规则在弱势群体等级工作中有所扩展。真正需要疏散援助的人群不想显示自身脆弱性并希望隐藏他们的真正需求。然而，必须采取准备措施以应对极端情况下提高及时、准确预警和疏散的能力。

在与埼玉县川口市的河务部门、灾害管理部门和消防部门讨论时，他们提供了一些信息：在蓝色地区居住着 20 万居民，而那个地区在特大暴雨时，有发生 200 年一遇特大洪水的风险。每个家庭得到通知并且进行疏散演习。本市福利制度规定福利专员与弱势群体进行联系。在川口市有 50 万居民、187 个防洪机构和 600 个福利专员。市政府已经分发了 20 万张灾害地图，其宣传政策也在和包含 200 个社区机构的网络的合作中得到发展，这些社区机构由很多市民团体组成，而每个市民团体的最小单位大约是 20 户家庭。目前经确定并联系了 26000 个脆弱群体中的成员，其中 58％的人已要求加入救援预案——剩余脆弱人群则依靠相互帮助[8]。

2. 行动契机

有明确的迹象表明，在风险管理周期中的所有阶段，需要给予脆弱群体以更多关注。

正如 2005 年的新奥尔良的疏散行动所示，社会弱势群体的相关工作挑战似乎对经合组织国家来说是共同的问题。在欧洲联盟国家中，和日本一样，这是许多市政府的社会福利制度一项正常的任务。大多数情况下效果是令人满意的，但 2003 年法国严重热浪事件是一场严重灾难，其处理方式人们不能接受，还需要不断完善。

在日本，政府风险管理机构需要更好地准备、去处理特定脆弱人群相关的问题。脆弱群体的救援呼吁市政府相关部门之间的积极合作，例如负责灾害响应、健康以及社会福利的部门。这可以在现有的社区协会的帮助下完成。市政福利机构，在当地福利专员的帮助下，在提供需要支持的脆弱人口的信息以及他们的疏散工作中发挥主导作用。

建议 11：负责灾害应急响应、医疗卫生和福利的市级机构，应做更充足准备，以便为最脆弱的人群提供帮助。

备注

［1］　日本政府内阁办公室，2007，《日本灾难管理》。

［2］　经合组织国家红十字会访谈小组的访谈。

［3］　资料来源：FDMA 的访谈，2007 年 5 月 15 日，日本总务省消防厅。

［4］　资料来源：经合组织评论小组与川口市的访谈，2007 年 5 月 16 日。

［5］　资料来源：经合组织评论小组与 Area Towers 有限公司和隅田区的访谈，2007 年 5 月 17 日。

［6］　资料来源：日本统计局，2005 年。

［7］　资料来源：www. grid. unep. ch/activities/global _change/atlas/pdf/reagir：changements ％ 20 climatiques. pdf，7/2008。

［8］　经合组织评论小组与川口市的访谈，2007 年 5 月 16 日。

第6章 灾后恢复和重建

6.1 实施最优化的灾后重建预案

灾害管理体系的最后是灾后重建阶段。基本上，这一阶段的主要任务是找到适宜的方法进行经济恢复和社会重建工作，既要应对当下紧急灾害，又要从灾害中吸取经验，进行远景规划。

在日本，灾后恢复和重建的工作重点是帮助受灾人口尽快、平稳地恢复正常生活，同时重建公共设施。

为应对重大灾害，日本政府专门建立了"灾后重建总部"，整合了相关部委和受灾人口委员会的力量。

1998年日本颁布《受灾者生活恢复支援法》(*The Act on Support for Livelihood Recovery of Disaster Victims*)，并于2004年进行了修订，加强了部门之间合作，规定了地方和中央政府的重建责任，并向受灾群众提供专用低利率贷款。此外，还实行减税、免税等经济措施[1]。

2005年，中央灾害管理委员会发布了《连续作业指南》，协助企业制定连续作业预案（BCP）。BCP是旨在在灾后重建期间引导企业尽快恢复重要业务的企业管理战略。

尽管上述各类措施极大改善了重建体系，有助于促进整体战略的制定，但是在灾后重建和恢复阶段，各实施部门尚未就灾害响应、规划和防洪等工作充分地进行协调。

尽管负责灾后重建的主管部门（如各县、市政府）得到了中央政府的财政资助，但是在洪水发生后，大多都缺乏解决灾害问题的实践经验。

大多时候，民事力量的任务仅限于实施应急措施，并没有进行相关宣传，也没有融入到城市规划的民事保护工作中。

1. 调查结果

在发生重大灾难之后，鉴于人口和经济方面的压力，政府侧重于实施一些应急措施，诸如破坏度评估、安置人口至临时避难所、灾区快速重建、医疗救助以及刺激经济的措施等，这固然很好，但是，还应辅以长期的救灾规划，包括民事保护部门和城市规划部门之间的进一步合作。

关于灾后事务的复杂性，由于各部门意见不一致、募集重建资金耗时长以及通信交通设施损毁等问题，在这一阶段，各部门工作难以实现协调和合作。为了解决这些困难，主管部门可以启动重建预案，该预案符合城市规划重组战略的定义。

"阪神-淡路大地震"发生后，政府的灾后修复工程重点就转向制定全面的城市规划，这证明日本政府有能力在重建过程中采取长期措施，并且根据过去灾害中吸取的经验教训[2]，适当地调整政策和救灾行动。然而，协调当前利益和长期规划还是有难度的。当时，神户的重建过程并不成功，甚至在关键的方面还遭到了批评。这证明灾后工作的难度、灾后恢复和重建部门有必要提前进行部署。

民事安全部门在救援工作中的反馈可以改善以减缓新的灾害损失为目的的重建预案，民事安全部门在当地的救灾经验可以帮助他们更好地了解洪水对灾民的实际影响。此外，如果民事安全部门参与到重建工作中，他们可以根据经验来解释哪种类型的建筑物中救援效率最高，哪种城市规划能促进救援。事实上，发生洪水灾害时，在某些类型的建筑中，救援可能相对容易（例如，外部楼梯，或一层较高的房屋），而在另外一些建筑物中，救援将会非常苦难（如街边没有窗户的公寓等）。

2. 行动契机

民事保护部门应该积极参与到各流域、各市和土地利用项目中，协助制定防洪措施，降低救援难度，并提高利益相关部门的防灾意识、做好自身防洪准备。

具有应急管理经验的民事保护机构可以在土地使用、建筑材料使用以及工程设计方面的建议。经验证明，不合理的土地规划、建筑材料以及工程设计将会阻碍应急响应或灾后恢复的进程，使情况变得更复杂。

如果实现合作，将会提高有关各部门的风险意识，改进和土地使用和建筑标准相关的防洪管理措施。

为满足经济复苏和灾后重建的进度要求，并突破临时观点的限制（这些观点受制于城市规划的时间压力），应加快前期的灾后重建预案建设。灾后重建预案是实施重建措施的前提，可由民间组织、非政府组织及其他利益相关方论证后制定。

对灾害损失进行评估之后，政府将向民事保护部门征集灾后恢复建议，并结合事先的灾后恢复预案，制定、开展更详细的重建行动。

根据《英国民事防护法》，在民事紧急事件的预防和应急方面，地方政府要承担主要责任。一般情况下，市政委员会设立紧急规划部门，确保制定出弹性、有力度的应急预案，能够针对任何发生责任范围内并产生重大影响的灾难事件迅速采取适当的应急措施。紧急规划与服务部门、志愿者组织及其他机构通力合作，确保协调、有效的应急准备和响应措施。合作内容包括紧急事件的预案、培训、训练、应急部门的启动和协调。

根据民事防护方面的法律规定，地方应急机构不仅要履行应急规划的职能，还需作为最佳救灾方案中的一个环节，提供灾害事件信息。信息共享是民事保护工作的重点，需要加强各种形式的合作，创建合作文化。因此，警察、消防、急救、卫生和地方政府都需承担部分风险评估的法律责任，并将其评估信息登记在《社区风险记录册》中。

建议 12：为加速灾后恢复和重建，各方需事先达成协议。灾后，民事保护部门与规划部门之间应共同探讨详细的灾后重建方案。

6.2 经验积累和宣传

当然，日本的洪水风险管理不是建立在一成不变的体系基础之上的，日本政府也不断地根据过去灾难事件中总结的经验，修订其法律、法规。1964 年，日本发生了破坏程度极强的"伊势湾"台风，5 年后，日本颁布了《河流法》，之后颁布几次修正案，1997 年的修正案则沿用至今；在 1961 年《灾害管理法》制定完成之后，也进行过多次修正；2001 年中央政府的改组以及中央灾害管理委员会的设立，都是为应对大规模（如 1995 年"阪神-淡路大地震"等）灾难；这都表明了日本在灾难管理战略方面具有高度的应变能力[3]。

救灾经验的积累由中央政府负责。近来，为创建信息共享平台，中央政府采取了一系列措施。在国土交通省的河川分委员会中，一个由学术专家、政府官员以及了解当地情况和文化的人士组成的讨论组，基于以往经验、共同探讨制定河道工程等相关的政策。因此，政府各部门已经深刻理解，要优化相关政策，必须吸取经验，进行总结。

1. 调查结果

无论中央和地方政府的各主管部门都已经开始评估防洪控制政策中的成功与失败，还高度重视过去救灾经验的搜集，协助防洪战略的不断更新。同时，政府做出了巨大努力，对以往救灾经验进行公共宣传。目前，面向居民的公开宣传还远远不够。为了推广最佳实践模式，政府需进一步向民众公开宣传过去灾区居民的经验。

此外，各个机构实施灾后的信息收集和宣传的手段并不明确，也没有系统地实施。而灾后调查，救灾表现评估，风险/脆弱性模拟情景更新则是从这些经验中总结学习的强大工具，可以在日本进一步推广。

对过去救灾经验的分析过后的法律更新，需要明确传达给地方政府防洪决策者。

2. 行动契机

需要制定一个体系化的框架来总结以往洪灾中的经验教训，并将其运用到以后的防洪实践中。2007 年英国发生洪灾后，该国进行了经验总结和学习，该实例在《Pitt 综述》[4]中有描述，其他可实行其他方案包括：

（1）灾害事件后召开包括河流管理部门、民事保护部门、土地使用和城市规划人员以及建筑师和总承包商在内的专门会议。

（2）制定政策指导方针。

（3）建立专门政府机构负责调查过去灾难事件的整个过程，收集和汇总数据，制定最佳防灾措施并进行推广，并向其他国家相关部门分享经验。

很明显，应该强化中央政府的职能。

在灾后重建阶段，政府应该强化的一个方面就是要构建风险文化（见附录 I.9，灾后恢复：弘扬风险文化的一个阶段）。

最后，需要对灾害风险管理相关的一系列法律进行一次综述，使之更全面、更合理，以促进各利益相关方的理解、践行。

专栏 6.1　英国以往防洪经验的整理

基于 2007 年 6 月、7 月英格兰洪水事件，内阁办公室将负责开展"经验学习评述"的工作，由环境食品和农村事务部、社区和地方政府部门提供协助。这次评述重点是考察各部门降低洪水风险、洪水影响的方式以及洪水应急响应能力。评述范围包括：

（1）洪水风险管理，包括地表水灾造成的风险以及公共、私营部门应对未来风险的措施。

（2）重要工程措施的脆弱性，包括：

1）重要工程措施防洪能力以及相应改进方面。

2）大坝及配套工程的弹性和改进措施。

（3）洪水灾害的应急响应，包括社会及福利问题。

（4）重要工程措施的实际损失或潜在损失引起的更大范围的应急规划问题。

（5）应急响应阶段到灾后重建阶段中间过渡期山现的问题。

作为评述过程的一部分，评述小组将征求受灾社区、当地企业以及其他重要利益相关方的意见，包括应急服务部门、专业协会、地方政府、志愿者组织、行业协会、公共和监管机构。同时，评述小组为以上机构提供发表评述意见并划定意见方向。为此，评述小组还建立了在线评论机制，以征求此次受灾灾民或易受洪水袭击的家庭或企业征求意见和建议。

资料来源：DEFRA 新闻，发布于 2007 年 8 月 8 日，www.cabinetoffice.gov.uk。

建议 13：应系统地收集、评估风险管理经验，并向所有利益相关者进行广泛宣传，以提高整体风险意识。此外，要对先后制定的法律进行全面总结，提高其透明度。

6.3　灾后恢复成本和保险

在日本，公共设施（道路或公共建筑物）的恢复和重建费用由市政府负责，而各县政府和中央政府则是按洪灾规模大小承担一定比例的资金。但是，在灾民资产的赔偿和恢复方面，中央政府一般不会进行经济援助。因此，很大一部分灾民只能自己承担资产恢复的损失。关于洪水损失方面，日本政府的政策和法律为灾民及灾区私营企业提供的保障非常有限，目前也没有保险或再保险预案来赔偿洪水中损失的资产。

对于洪水造成的损失的赔偿，则会作为火险的可选部分，由房屋主的综合保险（除了地震以外的所有自然灾害）进行部分赔偿。洪水发生后，保险最多可以支付损失金额的 70%。但若是户主没有投保这部分的保险，则只能得到非常小的一部分赔偿。

保险费的系数根据地区不同会是 3～4 不等。东京地区除外，因为那里保险费是平均的，23 个区的保险费是相同的。

到目前为止，保险行业两次赔付记录的损失分别是名古屋"东海洪灾"（达 7000 亿日元），以及 1991 年的台风（达 5700 亿日元）[5]。

据慕尼黑再保险公司统计，日本的两次洪水的保险费数值是 1989—1999 年间因自然灾害而造成的十大保险损失记录之一（表 6.1）。然而，对洪水造成的经济损失，日本保险业赔付金额的比例与其他发达国家非常相似。而将这一情况与阪神-淡路大地震进行比较就会发现，这场地震中，对经济损失的赔付率极低（仅为 0.03）。

当前，非人寿保险行业的主要要求是免除保险赔付金额中储备金的税款。

1. 调查结果

灾害损失由个人、政府和保险企业共同承担。根据《减灾法案》，地方公共部门要为由县政府管理的"救灾基金会"拨出一定数额的救灾资金。《受灾者生活恢复支援法》中规定了灾民重建生计的经济援助属私人保险，该保险赔付范围涵盖洪水损失，也称为房屋主综合保险，该险种在火险保单中是可选的。根据日本一家大型保险公司估计，该保险的普及率约为 70%（尽管评估数值有所不同，经合组织估计普及率实际上在 35%～49% 之间）[6]。这些政策也反映了许多经合组织成员国的做法。

如果几种不同自然灾害共同构成了威胁，那么涵盖各类灾害的综合方案只能通过减少与洪水风险相关的选择，以此平衡投资组合。然而，相较于其他使用同样制度的国家，今天的日本已经远远落后，以英国和以色列为例，它们的市场普及率已接近 95%。这种差异表明日本现在的需求，是要优化房屋主综合保险，进一步提高现有保险的普及率。

表 6.1   1989—1999 年期间的十大保险损失

年份	灾害事件	国家和地区	保险金额/百万美元	经济损失/百万美元	保险经济损失比
1992	安德鲁飓风	美国	20800	36600	0.57
1994	北岭地震	美国	17600	50600	0.35
1991	台风米雷	日本	6900	12700	0.54
1990	风暴达里	欧洲	6800	9100	0.75
1989	雨果飓风	美国加勒比海	6300	12700	0.50
1999	雪暴洛萨	欧洲	5900	11100	0.53
1997	雪暴洛萨	西欧	4700	5600	0.84
1998	飓风乔治	美国加勒比海	3500	10300	0.34
1995	地震	日本	3400	112100	0.03
1999	台风巴特	日本	3400	5000	0.60

资料来源：慕尼黑再保险公司，2000 年。

与其他国家相比，日本的灾民转换率相对较低，这也解释了日本家庭预防性储蓄较高的原因（占总储蓄的 40%）。然而，这也意味着经济弱势群体灾害暴露度更高，而在洪灾风险增加的情况下，日本需强化风险分担机制来解决这一问题。日本政府没有向民众提供防洪再保险政策。因此，在日本，普遍情况是由个人承担灾害经济损失的主要部分。

随着气候变化，以及人口、资产向洪水多发区的进一步集中，政府有必要为日益增加的洪水风险以及高额的重建成本做好准备，尽管重建成本是由居民和保险公司共同承担的。

此外，在日本，购买房屋和担保银行贷款的长期保险是常见现象。由于台风和洪水的灾害赔付都是一次性支付，保险公司要长期承担大规模灾害的赔付风险，灾害（气候变化除外）风险增加时调整保费的空间也很小。保险公司也认为保险储备金税构成它们沉重的负担[7]。

2. 行动契机

为了提高投保率，可以通过洪灾相关的法律，强制民众购买洪水保险。通过强制投保，政府可以以财政奖励的手段增加个人和企业的保险需求。保费方面，可以合理地区分家庭和公司的条款，降低他们各自的洪水暴露度和脆弱性。

美国国家洪水保险预案（详见附录Ⅰ.10），为政府处理私人保险公司战略方式提供了实例。

风险分担机制包括 CAT 债券或债务工具以及直接承包人之间的融资安排（如瑞士自然灾害共储金），这样能减轻保险公司大规模灾难赔付的负担。长远来看，日本政府可以研究一下强制性保险制度和国家资助的大洪水再保险制度的优势和成本。这些制度在部分经合组织成员国内已经存在。

建议 14：为了帮助市民和私营企业应对重大灾难的财务成本问题，日本政府应改进洪水保险制度，同时增加保险公司的赔付能力和保险人口覆盖率。为实现这一目标，日本政府需作为再保险人，深入地参与到保险，或许能达成上述目标。

备注

[1] 资料来源：内阁办公室，日本政府，2007，《日本灾害管理》。
[2] 资料来源：内阁办公室，日本政府，2007，《日本灾害管理》。
[3] 资料来源：内阁办公室，日本政府，2007，《日本灾害管理》。
[4] 资料来源：皮特评论：2007 年洪水灾害中的经验总结，2008 年 6 月 28 日。
[5] 资料来源：经合组织审查小组，东京海事局与日动火灾保险公司的访谈，2008 年 5 月 18 日。
[6] 资料来源：经合组织（2003 年），洪灾保险。
[7] 资料来源：经济合作与发展组织审查组与日本综合保险协会的访谈，2008 年 5 月 18 日。

附 录 Ⅰ

附录Ⅰ.1　法国河流流域管理局（EPTB）

在法国，防洪措施的制定是地方政府的职责，自20世纪90年代中期以来，各地方管理部门联合起来进行大规模河流流域管理。

事实上，为了集中经济、技术资源，制定全面、一致的河流管理办法，中央政府最近才通过法律支持和推动流域管理机构的发展，河流流域管理机构将河流流经范围内各地方政府联系起来。

1992年之前，这些机构的行动还局限于堤防等工程措施的建设。随着人们对环境保护等问题的关注升级，人们已逐步意识到需要一套全面、综合的流域管理办法。流域管理机构的具体职责应基于水文特点而非行政划分，同时这些机构还要考虑当地政治、非政治利益。这种基于当地实际经验的自下而上的方法，已经证明有助于河流和洪水风险管理的创新。

由于采用的流域衡量标度，河流流域管理局（EPTB）有权通过当地的合作伙伴关系和成员公社提供涵盖预防、保护、应急和脆弱性减少的各个阶段降低洪涝风险的建议。他们倡导的方法考虑了环境和社会问题。

资料来源：卢瓦尔河流域管理局和SEPIA咨询，2007，"学会与洪水""创新的驱动力"。

附录Ⅰ.2　英国的洪水风险管理

在英国，内阁秘书处不是独立的职能机构。内阁办公室下设内阁秘书处，对首相和主持委员会的部长们负责。内阁秘书处只为担任委员会主席的内阁办公室部长们服务。其设立的目的是确保政府的工作及时有效地进行，全局考虑后做出决策。内阁秘书处的工作是为内阁办公室提供以下服务：协助首相领导政府；协调政府内部工作的一致性。

内阁秘书处内设6个独立秘书处：一个民事应急秘书处（CCS），负责指导和协调政府部门和更广泛的利益相关方之间的活动，以确保英国可以应对任何可能对其福利和日常活动造成破坏的事件的挑战，包括洪水等自然灾害

（与农业和环境局合作）、重大疾病、重大事故以及恐怖主义事件等带来的挑战。

这种横向跨部门协调活动的主要领域是：

（1）通过"水平扫描"和"定期国家风险评估"，对可能对英国造成破坏性挑战的风险进行协调评估。

（2）通过"跨国能力发展计划"（Cross - Government Capabilities Programme）协调开发通用能力以应对破坏性挑战带来的不良影响。

（3）制定相关法律为英国的民事应变能力提供法律保障。

（4）在应急规划学院（Emergency Planning College）为应急预案培训提供卓越中心。

（5）危机来临时，协调后果管理（consequence management），以支持政府的响应措施。

秘书处还向公众提供有关准备应对紧急事件的事实资料。

备注

[1]　CCS website：*http：//www. cabinetoffice. gov. uk/secretariats/dvil _ contingendes. aspx*

附录Ⅰ.3　防洪与气候变化——巴伐利亚适应战略

气候变化给空间规划和地方发展带来越来越大的挑战，尤其需要关注洪水多发区和水资源管理。为适应气候变化导致的新情况，2003 年启动欧洲合作项目（ESPAGE）。该项目主张解决与不断增加的洪水风险相关的 3 个问题：额外的工程设施方面的影响，社会经济和生态影响，以及提高风险意识、改善行为的措施。

巴伐利亚环境局作为合作伙伴之一，为找到适当的对策，评估了气候变化对弗兰克·萨勒河集水区的影响。"气候防御规划周期"（Climate - Proof Planning Circle）旨在展示全面修改和调整现有的防洪工程和预案的方法。

这个周期的一个重要阶段是预评估气候变化对洪水排放和洪水事件产生的可预见后果。在指定的洪水重现期，计算气候变化参数以重新评估防洪工程的规格。通过成本效益分析来评估是否需要实施工程措施。另外，除了使工程措施适应气候变化，还通过网络信息公布、调查以及奉行大小会议等方式来论证是否需要强化减缓行动、提高风险意识的必要性。

资料来源：Bayerisches Landesmat für Umwelt，Wasserwirtschaftsamt Bad Kissingen，气候变化与河流规划"弗兰克·萨勒河防洪工程：欧洲试点项目"。

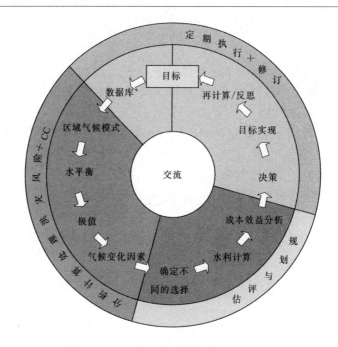

图 I.3.1　气候规划周期

资料来源：ESPACE（2008）。

附录 I.4　英国洪水风险图的使用

根据 1991 年《水资源法案》第 105（2）条，环境署的职责是为整个英格兰和威尔士制定洪水风险图。这些地图标记了百年一遇的大洪水（预计一百年才会发生一次洪水，也称为 1% 概率洪水）的风险范围。

绘制这些地图的目的是告知城市规划人员和开发商发生大洪水的风险，以引导新的城市发展远离这些洪水多发区，并增强洪水防范意识。虽然应该限制灾害风险划定区域内的发展，但邻近地区是可以的。这对适应气候变化了的新情况是特别重要的。既然降雨的增加可能导致洪灾风险上升，原来没有洪水风险的地区未来也可能会面临洪水风险。那么旧的风险图会给人带来一种错误的安全感。

这些地图到最近才出现在公众视野内。现在，人们可以看到 1999 年"指示性洪泛区图"的副本。该地图以 1：10000 的比例，每一张标记了 5km×5km 范围内的风险，并且适用于 A1 平面尺寸或 A3（缩小比例）的平面尺寸。其中 A1 比例花费了 22000 英镑，A3 比例为 8000 英镑。环境署还发行了包括洪水风险图在内的宣传页。

资料来源：英国国家新闻办公室（2004）。

附录Ⅰ.5 保护莱茵河国际委员会（ICPR）

自 1950 年以来，莱茵河沿岸的 4 个国家同意在保护莱茵河国际委员会的支持下合作。保护莱茵河国际委员会（ICPR）采取以预防、准备、救援、恢复和重建等综合风险管理为基础的防洪预案。该预案有 4 个目标：

（1）2005 年将损害风险降低 10％，2020 年降低 25％。

（2）减少洪水期：到 2005 年，将河流下游筑堤部分水位降低 30cm，到 2020 年下游水位降低 70cm。

（3）提高防洪意识——2000 年为 50％的洪泛区和洪水风险区制定风险图，2005 年为 100％的洪泛区和洪水风险区制定风险图。

（4）为改善洪水预报系统，包括通过国际合作短期改善洪水预报系统。到 2000 年，将预报期延长 50％，到 2005 年将预报期延长 100％。关于增加防洪意识方面，洪水灾害地图考虑空间规划措施，目的是向市民进行防洪宣传。居民必须有面临洪水灾害风险的意识。如果他们自己没有经历过洪灾，那么洪灾风险知识需要借助洪灾地图（图Ⅰ.5.1）来进行宣传。

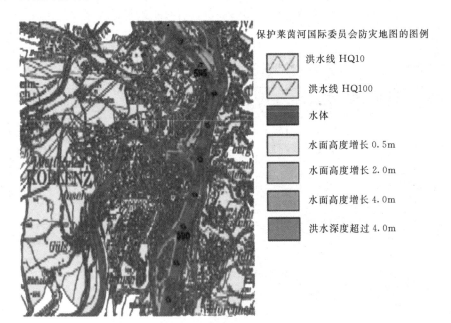

保护莱茵河国际委员会防灾地图的图例

洪水线 HQ10

洪水线 HQ100

水体

水面高度增长 0.5m

水面高度增长 2.0m

水面高度增长 4.0m

洪水深度超过 4.0m

图Ⅰ.5.1 保护莱茵河国际委员会（ICPR）防灾地图

资料来源：Harm Oterdoom，2001，从使用和保护到可持续发展：莱茵河的案例研究。

今天，在高莱茵河区域可以提前 24h，莱茵河上、中、下游区域可以提前 36h，莱茵河三角洲可以提前 72h 给出相对准确的洪水预报。在支流区域，预报期范围是 6～24h。与 1997 年相比，预报期延长了 50%。如果没有降水量监测网络的可靠数据，这种改进是不可能实现的。

在过去几年中，法国、卢森堡和德国人口变得更加密集和自动化，因此能够为降雨径流模型提供必要的数据。通过野外终点站平台和互联网，预报中心之间的数据交流通常很快捷。

附录 I.6 荷兰应急响应制度和危机管理制度

荷兰、瑞典和英国等欧洲国家的应急组织的特点是自下而上制订方案，主要责任由地方政府承担，尽管区域和中央政府也会发挥在部分执行责任方面的领导力。在荷兰这样人口稠密的国家，灾害和严重事故带来的影响可能会非常深远，但是目前并没有独立的应对重大灾难的执行机构。火灾灭火，照顾受害者并维护公共秩序是消防队、医疗救助队和警察部门日常职责的一部分。这些组织是灾害管理的核心。如有需要，可以召集其他部门协助，以及其他组织如救援队、水务局、红十字会、环保部门等市、省级机构等的参与（图 I.6.1）。

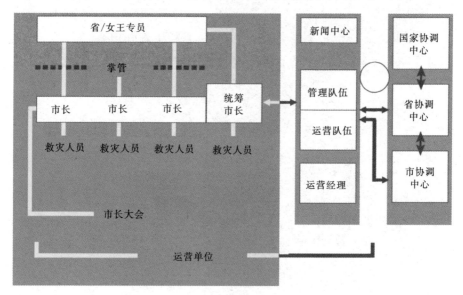

图 I.6.1　荷兰应急管理制度
资料来源：荷兰内政与王国关系部，灾害管理和危机管理部。

灾害管理的责任主要由受灾地区的市长承担。

许多灾害并不局限于一个市，受灾面积会很广泛，所以市级机构的应对能力可能不足。此时，执行应急响应机构必须联合更高范围机构的支援展开行动，这被称为"规模升级"。这种应急响应规模扩大的情况有可能在不同区域或者在不同省或州发生。如果一次灾难的影响波及其他市，那么相关市的市长在各自市政府负责灾害管理。市长可以委任其中一人任命灾区协调员。发生大规模灾难时，省、地区的皇家专门调查委员会专员给市长提供有关灾害控制的管理、实施方面的指导。

灾害控制的执行管理是一个官员的责任（基本是消防队的指挥官）。消防队的任务不单是灭火和救援，他们不仅在灾难中发挥作用，在灾难预防、风险控制方面也作为其他市政机构的重要伙伴起到很重要作用。这根据"安全链"中的环节来完成。

如果条件允许，政府与商界一起，通过制定和适应模拟情景来应对内部和外部的威胁。发生严重危机时，常规程序和决策行动已经不够，所有部门必须转而采用情景适应部门，这个部门中其中一个机构是部门协调中心（DCC）。DCC在危机影响波及多个政策领域部门的时候开始采取行动。然而，更大强度的部门协调还必须启动内政部的国家协调中心（NCC），也有可能启动国家新闻中心（NVC）。如果规模足够、影响深远，会调集所有部长参与决策行动，有关部长和大臣将共同承担责任。

中央政府的内政部和王室关系部（BZK）负责灾害管理和危机管理。这意味着在处理法律、法规等方面，可为省，区域，市等各级工作提供额外支持。依法安排灾害管理、消防和灾害医疗救助。参与减灾工作的每个人都必须为所有可能的情况做好准备。中央政府为这些准备工作做了大量工作，并提供额外的设施。在行政、公务人员或者运营商方面，对所有灾害管理和危机管理的人员进行具体课程培训。灾害管理方案也必须通过演练、多学科和管理演练。

附录 I.7 瑞典应急响应的管理部门

瑞典的紧急事件和危机管理制度与荷兰的情况非常相似，主要实施责任由地方消防队和救援队的长官承担，必要时县级管理委员会和中央政府可以随时接手区域或国家级工作协调方面的职责。但现实中，他们支持地方部门（例如提供额外的资源）必要时做决策。这需要中央政府各部门来进行监督和决策。

最近关于在政府机构内设立"危机管理中心"的报告指出，"危机管理中心"应建立在跨部门合作的基础上，并由首相办公室进行协调。危机预案和准备需要高效、专业的机构和能够绕开部门界限和独立部门职责限制的执行领导。

在首相办公室内设立"危机管理总干事"的职务，负责监督和保证危机管理的协调和预案能够顺利进行。危机管理办公室将支持总干事的日常工作。办公室将提高风险意识，组织、协调信息和分析，启动部门间协调，支持危机期间的决策。具体来说，办公室应在部门内部以及部门之间的协调过程中，制定措施、并提出建议。

应急期间，各部门的国务秘书在制定应急管理的战略方向时发挥重要作用，以确保政府办公室采取协调一致的措施和并进行宣传。危机管理总干事办公室支持战略小组的工作。政府将委派高层代表组成的咨询委员会负责处理危机事宜。委员会职责是共享信息、确保政府与相关部门在危机期间的有效沟通。

正常来讲，办公室将履行确定和衡量基本应急管理能力的责任，并确保所有部门都具备应急管理预案和能力。办公室还为社会安全潜在的风险和威胁及相关预案、演习和培训活动提供咨询意见。此外，办公室将充当与其他国家以及"欧盟联合危机管理体系"中类似办事处或职能部门合作的联络点。建立政府间危机协调中心，并提供相关的技术支持，由政府在应急期间激活和使用。

资料来源：瑞典政府办公室（2007 年）。

附录 I.8 法国灾后经验收集和传播

法国政府组织各部门收集整理过去 10 年中发生的主要洪水事件以及应对经验措施。这些应对经验措施来自洪水事件所涉及的各方面，包括管理危机人员以及灾民。专家组在磋商后出具了一份状况报告，包括改进措施和中、短期行动的简要建议。另外，主要跨部门代表团撰写了关于过去一年中破坏性事件的年度报告，并向公众发布。作为民众在重大风险预防方面的重要贡献，政府更新的比较信息可在互联网上查询。

资料来源：Camphuis，Nicolas - Gerard：法国城市洪水管理条例。

附录 I.9 灾后恢复：弘扬风险文化的一个阶段

尽管人类不能直接避免洪水等自然灾害，但可减少其造成的影响。目前灾后恢复阶段有 3 个特征：第一是公共媒体关注的焦点；第二是损害评估过程；第三是寻找责任单位。但却很少进行经验总结。

灾害预防、预警、应急响应工作中的疏忽，都会加大灾害损失，而通过保持历史灾难记录、告知公民灾害后果，就可以避免损害扩大。应该更系统地推进风险文化（公民对风险发生和减缓措施的认识）的发展。由于人们对民事保护技术的信心增加，会产生"零风险"的幻觉，因此推进风险文化的需求显得更加迫切。而缺乏对主要工程的关注会造成更为严重的后果，因为防洪工程虽然重要，但专家已经明确说明，这些工程是为了确定防洪标准而设计的，因此，在不可预见的重大灾害中，出现了超标准洪水，甚至发生更糟糕的情况，会导致更大的损失。如出现溃堤或溃坝事件。

对洪水灾害需要更多的交流，并与地方实施部门进行更系统的论证，特别是在灾后重建过程中。减少对工程措施过度的依赖，过度依赖工程措施会导致一种虚假的安全感，并共享相关的反馈意见。虽然决策机构和实施机构都的意见很重要，但是洪水风险不能仅仅是由规范和立法标准规定，公民层面的反馈意见也很有必要。受灾者的反馈意见的也要引入到相关标准中。

附录Ⅰ.10 美国国家洪水保险预案

美国联邦紧急事务管理署（FEMA）制定的全国洪水保险预案（NFIP）是美国提供住宅洪水保险的主要手段。然而，必要时为了刺激住宅洪水保险的营销、购买和渗透，联邦政府和私人保险公司之间有一种重要的合作关系，称为"WYO预案"。尽管全国洪水保险预案（NFIP）和美国联邦紧急事务管理署（FEMA）承保洪水保险，在洪水保险预案中，私人保险人和保险公司对洪水保险的营销、政策管理以及索赔处理方面承担重大责任。在全国洪水保险预案（NFIP）体系内，允许私人保险公司出售"定期房主保险"，此保险能让洪水中受灾群众的大部分损失得到补偿。因为全国洪水保险预案（NFIP）的赔偿范围仅限于25万美元，所以存在私人保险市场来对高价值房屋多出来的部分进行赔偿。

虽然全国洪水保险预案（NFIP）能够承保一些洪水易发区的，私人商业保险项目却很难承保的商业保险，但是美国大部分商业或财产的洪水保险是由私人保险公司承保的。很多时候，它支持标准商业财产保险政策或独立的商业洪水政策。近年来，商业保险公司已经开始更多地关注洪水高风险地区的市场。

全国洪水保险预案（NFIP）和参与WYO预案的私人保险公司对洪水危害的认识的逐渐深入和更积极的营销策略，被保险人数从1978年的约140万增加到2006年550万。优先风险预案（PRP）是另一个重大举措，成功地增加了被保险人的总数，促进风险宣传，减少洪灾保险中的"逆向选择"问题。优先风险预案（PRP）是从20世纪80年代后期开始的一个举措，目的是向可能发生百年一遇的洪水的高危险地区之外、但是也存在一定洪水风险地区的房主进行洪水保险宣传。由于风险较低，优先风险预案（PRP）的投保成本通常要低得多。

洪水保险市场的渗透率的估计受到两方面因素影响：一是如何定义保险市

场，二是需要洪水保险的迫切程度。如上所述，优先风险预案（PRP）将需求和投保率扩大到高危险、高需求、最易发生洪灾的地区。由于更积极的营销策略、WYO 合作伙伴关系以及 PRP 预案，洪灾保险市场的渗透率从 1990 年的约 13% 增加到 2002 年的 22%～25%。这个估计范围是基于美国联邦紧急事务管理署（FEMA）关于美国高风险地区（有百年一遇的洪水的地区）的物业比例的研究。

资料来源：Tsubokawa (2006)。

附录 I.11　自我评估问卷

A　一般问卷

A.1　风险评估

主要参与部门：国土交通省。

A.1.a　洪水风险中的作用和职责、脆弱性评估

（1）请根据以下几个方面的评估描述贵组织的作用和职责：

1）不同类型洪水的风险（山洪，洪水等）。

2）工程措施在洪水中脆弱性（包括防洪工程措施）。

3）工业工程在洪水中的脆弱性。

4）人口群体在洪水中的脆弱性。

5）洪水的次要影响及其随后的风险和脆弱性。

6）将确定的风险后果和脆弱性考虑进主要成本和损失评估中。

7）其他。

（2）请描述为了履行这一职责，贵组织采用的机构形式和资源投入方式。在描述过程中，请使用组织图表、统计数据、活动报告和任何其他有用信息来支持您的观点。

（3）贵组织评估国家级、县级以及市级层面的洪水风险和脆弱性时，和哪些其他机构进行了合作？私人组织还是非政府部门？请描述合作和沟通渠道。

（4）现行法律是否规定了监察上述各点的义务？

A.1.b　风险评估方法

（1）请描述以下目的的现有预案：

1）识别、监测和评估不同类型的洪水风险。

2）检测工程漏洞性（包括安装、特殊地形等的特征）。

3）检测和监测人口中新、旧脆弱群体。

4）识别洪水的次主灾害的影响，包括洪水影响的商业损失。

5）整合不同类型风险和安全漏洞数据。

（2）如何搜集上述类别的数据的地点和频次？

（3）搜集保密问题、私人信息数据是否有障碍？如果有，请详细阐述。

（4）请描述针对洪水风险和脆弱性评估工具正在进行或打算进行的研究。

（5）请描述用于评估洪水风险和脆弱性的其他方法或工具。

A.1.c 自我评估

你如何评估日本人民面临的洪水风险，综合以下因素：

（1）过去 20 年的气候和降水模式的变化。

（2）洪泛区人口密度增加。

（3）土地利用变化（更多地利用地下空间）。

（4）过去 10～20 年的社会发展情况（人口老龄化，收入变化等）。

（5）技术发展、重要工程措施的相互依赖性增加等。

A.2 战略决策原则

主要参与部门：国土交通省、其他受影响的部门、内阁办公室、中央灾害管理委员会。

A.2.a 决策中的角色和职责

（1）请描述在制定和实施减少洪灾风险、洪水脆弱性（工程措施、老龄人群等）的国家战略中的作用和职责。

（2）不同决策机构之间如何协调与沟通？

A.2.b 决策过程

（1）中央政府如何确定优先事项和目标？

（2）与这些目标相关的项目实施方案是什么？

（3）用于洪灾风险和降低脆弱性的全体公共资源是什么？

（4）这些资源在全面自然灾害风险和脆弱性下降方面的总体支出份额是多少？

（5）在决策过程中咨询了哪些利益相关者，是如何进行咨询？

（6）在什么阶段考虑了成本、效益和风险的替代解决方案？

（7）如何分配用于洪水风险和脆弱性评估的资金？请在各级政府（州、县、市）和资金来源（国家或地方税收、指定用途资金等）方面作出区分。

A.3 政策体系

主要参与部门：国土交通省、其他受影响的部门。

A.3.a 土地使用政策与法规

（1）请描述在日本制定和实施土地使用政策与法规时的作用和职责。

（2）国土交通省等部门有关洪水风险的土地利用标准是哪一个？

（3）请描述日本土地使用方面的最新积极/消极变化，以及国家支持/阻止这一变化而采取的措施。

（4）土地使用政策的制定与洪水风险评估以及日本国内外过去洪水经验教训是如何结合的？请说明协调和沟通渠道。

（5）在日本执行国家土地使用政策的机制（如果存在的话）是什么？

A.3.b 建筑标准

（1）请介绍日本在制定和实施建筑标准过程中的作用和职责。

（2）日本建筑标准是否包括防洪和补偿洪水损失的条款？

1）私人住房。

2）公共建筑。

3）工业设施。

4）地下设施。

5）重要基础设施。

6）其他。

（3）建筑标准的制定与洪水风险评估过程中是否结合了日本国内外以往的洪水经验？

A.4 民事保护

主要参与部门：国土交通省。

（1）请描述日本在制定和实施防洪工程措施体系中的作用和职责。

（2）请贵组织描述为了履行这一职责，投入了什么资源。在描述过程中，请使用组织图表、统计数据、活动报告和任何其他有用信息来支持您的观点。

（3）请描述日本主要工程和非工程保护措施。

（4）请描述工程和非工程防洪措施政策的协调情况。全面防洪体系中哪一部分采取工程措施，哪一部分采取非工程措施？

（5）保护措施是否随着洪水频率和成本增加而发生变化？这对防洪措施的制定和类型有哪些影响？

A.5 信息和早期预警

主要参与部门：国土交通省、日本气象局。

A.5.a 提高公共和私人实施机构的意识

（1）请描述用于提高公共和私人实施机构（地方和区域政府公共和私营工程措施运营商等）的洪水风险和脆弱性以及可能的减缓措施的资源和政策。

（2）不同利益相关者之间是否有关于洪水风险管理（预警程序、应急预案等）的信息交流论坛？

A.5.b 预警

（1）请描述贵组织在洪水风险预警方面的作用和职责，以及您的沟通渠道：

1）中央政府。

2）县政府。

3）市政府。

4）其他实施者（私人部门，公共机构）。

（2）请描述日常预警过程。

A.6 灾民疏散和救援

主要参与部门：国防部，卫生、劳动和社会福利部。

（1）请描述贵组织在洪水灾害中灾民疏散以及人口和工程救援方面的作用和职责。

（2）请介绍疏散、救援工作中和其他参与组织的主要协调和沟通渠道。

A.7 灾后恢复

主要参与部门：有关部门。

A.7.a 损害赔偿和保险

（1）请描述日本政府有关为公民和私人企业索要洪灾损害赔偿的政策和法规。

（2）日本洪水保险的投保率是多少？

1）私人房主。

2）中小企业。

3）大公司。

（3）日本业务中断保险的投保率是多少？

1）中小企业。

2）大公司。

A.7.b 应急预案

（1）中央政府是否向地方政府和实施单位提出并鼓励应急预案-如果是，需要采取什么手段，以及面向什么群体（市政府、中小企业、重要基础设施运营商等）（是否有相关法律、行动等)？

（2）中央政府及其部门是否参与基础设施运营商和其他行动者一起参与讨论和促进应急计划的论坛？

A.8 反馈和部门变化

主要参与部门：国土交通省、其他受影响部门。

（1）请描述分析过去事件的现有例行程序，并向其他实施单位（中央政府、地方政府和私人组织）报告调查结果。

（2）关于政策和法律，是否有结合了以往经验（国内外）、技术、社会和经济变化的修订机制?

B 针对县政府和市政府的问卷调查

B. 1 风险和脆弱性评估

（1）请描述贵单位在洪水风险评估和脆弱性评估、并将评估结果向各部门包括人民群众进行宣传的工作中承担的职责。

（2）在上述工作中，哪些是执行中央行政和县政府决定，哪些是市政府独立的职责?

（3）履行上述职责的组织架构是什么样的?

（4）请提供市政府与这些职能相匹配的具体资源的现有数据（中央政府的拨款、税收等）。

（5）请描述贵单位用来进行风险分析的方法和工具。你接受过这种分析的培训吗?

（6）如何评估洪水风险和分析中使用数据的质量? 由谁搜集数据?

（7）洪水风险和脆弱性分析更新的频率是什么?

B. 2 政策决策

B. 2. a 资源分配

（1）请说明用于防洪措施的资源占预算总支出的百分比。

（2）请说明用于抵御地震措施的资金情况。这些资金主要来自于贵单位的地方政府预算，还是中央政府的拨款? 如果是中央政府拨款，是否有（如有）指定用途（用于特定的措施）?

（3）在贵单位的预算中，是如何平衡防洪措施和应急响应政策的?

B. 2. b 战略协调和监督

（1）请介绍贵单位在洪灾地区的划定和实施预防与备灾政策时的作用和职责。

（2）这些战略协调工作中，哪些是执行中央行政部门和地方的决定，哪些来自市政府在这方面的唯一责任?

（3）履行战略协调职责的组织架构是什么?

（4）贵单位所在的市政府内部机构（救援、建筑物和工程措施、教育、社会和卫生服务等）在防洪、备灾方面是如何进行协调和合作的?

（5）在制定和实施政策时，请介绍与其他政府实施部门（地方政府、中央政府的合作实施单位）进行协调和沟通的渠道。

B. 3 政策体系

B. 3. a 土地使用政策

（1）请说明，关于防洪准备、贵单位在制定和实施土地使用政策方面的主要原则和标准（以及现行法律）是什么？

（2）在制定土地使用政策时，如何评估中央政府之外的机动空间？

（3）如果有国家的土地使用原则和标准，中央政府如何监督地方（你所在的县/市）实施？

B.3.b　建筑标准

（1）请说明在防洪准备方面贵单位在制定和实施建筑标准方面的主要原则和标准（包括现行法律）？

（2）中央政府如何鼓励和监督地方政府（你所在的县/市）实施建筑标准？

B.4　民事保护

（1）请描述你所在的县/市的防洪工程措施方面的主要政策。请说明这些政策是否由县政府或市政府制定的。

（2）履行这些职责的组织架构是什么？

（3）请提供和这些职责相匹配的资源数据（中央政府的拨款、税收等）。

（4）谁负责防洪工程的维护？

B.5　信息和早期预警

（1）贵单位如何获得有关洪水风险的信息、组织备灾活动的方法和必要的预防措施等？

（2）贵单位是否在这些问题上与其他政府和/或私人部门进行信息交流，如果是，如何交流？

B.6　灾民疏散和救援

（1）请描述贵单位在洪水灾害中人员疏散和救援以及工程抢修方面作用和职责？

（2）履行这些职责的组织架构是什么？

（3）请介绍参与人员疏散救援的县政府等机构的协调和沟通的主要渠道。

B.7　自我评估

B.7.a　一般情况

（1）贵单位所在的市政府在预防和备灾方面面临的主要挑战是什么？这些挑战是由什么引起的？

（2）过去10年中，防洪工程的脆弱性和社会脆弱性是如何变化的？

（3）贵单位希望在未来10年市政防洪风险如何演变？

B.7.b　自身能力

如何评估贵单位所在的市政府在防洪工作中履行职责的能力？

附录 I.12　访谈机构名单

1. 内阁办公室 Cabinet Office

2. 国土交通省 Ministry of Land，Infrastructure，Transport and Tourism

（1）河务局 River Bureau

（2）公路局 Road Bureau

（3）城市和区域发展局 City and Regional Development Bureau

（4）住宅局 Housing Bureau

（5）政府建筑署 Government Buildings Department

3. 日本总务省消防厅 Fire and Disaster Management Agency

4. 国土交通省 Ministry of Land，Infrastructure，Transport and Tourism

（1）河务局 River Bureau

（2）城市和区域发展局 City and Regional Development Bureau

（3）住宅局 Housing Bureau

（4）水土局 Land and Water Bureau

（5）关东地区发展局 Kanto Regional Development Bureau

5. 日本总务省消防厅 Fire and Disaster Management Agency

6. 日本气象厅 Japan Meteorological Agency

7. 国际洪水危机管理中心日本土木工程研究所 Public Works Research Institute，The International Centre for Water Hazard Risk Management

8. 埼玉县 Saitama Prefecture

9. 川口市 Kawaguchi City

10. 隅田市 Sumida City

11. 日本红十字会 Japanese Red Cross Society

12. 日本普通保险协会 The General Insurance Association of Japan

13. 东京海上日动火灾保险有限公司 Tokio Marine & Nichido Fire Insurance Co.，Ltd

14. 东京地铁有限公司 Tokyo Metro Co.，Ltd

15. Hazkari Kougyou 有限公司 Hazkari Kougyou Co.，Ltd

16. 泰兴飞福科技有限公司 Taiseikako Co.，Ltd

17. 阿尔科维尔有限公司 Arcatowers Co.，Ltd

18. 加须市消防防洪组 Kazo City Fire and Flood fighting group

19. 北川边镇消防防洪组 Kitakawabe Town Fire and Flood fighting group

20.（非营利组织）鹤见河流域网络（Non - profit Organisation）Tsurumi River Basin Networking

第二部分

地　　震

执　行　纲　要

这份执行纲要呈现了日本关于大地震风险管理政策的评述的主要调查结果和建议。它并不评价日本在这方面的卓越表现，而只是将评述小组发现的日本在此领域中的弱点以及通过合理成本可以进一步改进的方面汇总起来。

1. 总体政策框架

（1）国家战略和责任下放。

日本的所有公共机构，从中央政府到市政府和国有企业，各自担负相应的责任，保护土地、生命及财产免受自然灾害。地方政府在灾害管理决策方面具有很大的自主权，并被鼓励制定适合各自特点的预案。原则上，地方政府的自主权必须遵守中央政府规定的长期原则和目标。评述小组认为，在地震灾害管理中，中央政府给地方政府的决策提供较好的支持和协调，主要有四个方面。

第一，较好的科学信息共享、好经验的收集和宣传、对比研究、查找问题、给地方政府所面临问题的提供具体指导。这些都是中央政府为地方政府提供决策支持和积极影响的灵活的手段。这些"软"手段应该加大应用力度，并系统应用。

第二，中央政府和各县应制定措施，加强规模较小的城市的灾害管理能力。这方面最低的要求是，提供更多的人员培训和教育，包括灾害风险管理的法律和行政方面的培训。更大胆的做法是，更加合理地集中当地灾害管理资源：一种方法是使市政府能够与提供灾害管理服务的机构签订契约合同，如瑞士各州之间的购买者和供应商的关系（经合组织，2002 年）；另一种方法是像在荷兰的安全区一样，集中市政资源，建立适当规模的区域联合（荷兰公共安全和安保总局，2004 年）。

第三，在灾害管理体系中，有必要进一步明确，公众和政府部门在行动、协调和合作过程中各自承担的责任，尤其是地方政府一级。

第四，需要加强政策评估和监督。灾害管理应充分利用成果指标，设定可测量的目标，明确实现目标的时间。中央政府应该制定系统地评价地方政府灾害风险管理的政策，找出不足和协调方面的差距，并调动相关方面解决这些问题。

建议 1：中央政府在下放灾害管理责任的同时，应明确地方政府的角色和责任，整合地方政府的资源，加强各级政府之间的信息交流和协调，并对工作效果进行系统地评价和分析。

（2）部门能力和协调。

日本政府提供了地震风险管理综合体系。中央灾害管理委员会的首要工作是确保风险管理体系整体考虑一致。在这方面经合组织其他成员国没有太多经验可参考。提高预警和疏散预案中科学技术水平，系统预防基础交通设施在灾害响应中的风险，对一个地区来说，是至关重要的，它能挽救数千人的生命。

然而，还需要提高中央政府的能力，以便监督和控制灾害风险管理各部门的行动。

应该赋予内阁办公室有效的职能，从全局监督和协调灾害管理活动。

应进一步加强中央政府数据收集、分析政府灾害管理的优势和缺点、总结经验教训、提出改进措施和行动优先级等方面的职能。

应重新审视中央政府灾害管理的组织结构，从而提高效率和有效性。可以进一步整合内阁办公室和内阁秘书处在危机管理方面的职能。

日本政府可能希望设立一个负责审计和评估跨部门灾害管理活动的机构。这一职能可以交给一个现有的政府部门，通过组织设计确保将其与机构原来的业务分开。许多经合组织成员国政府已经发展了这种内部评价的能力。挪威民事保护和应急规划委员会（DSB）就是一个很好的实例。

建议2：应加强中央政府内部灾害管理活动的监督和协调。

（3）政策评估和资源分配。

尽管与许多经合组织国家相比，日本较晚开始"监管影响分析"（RIA），但通过努力已经有了相当大的可优化势头。按照2004年3月的新的"监管改革三年计划"，各部门将对规划的和现有的制度进行适当的监管影响分析。当务之急，应该对地震风险管理政策进行系统的监管影响分析。

对政策进行系统的评估，可显著改进灾害管理。2002年开始使用的政策评估系统（PES）或其他研究结果（例如，改进房屋结构、固定室内家具等措施在减少死亡率方面的有效性），无论是在预算过程还是机构设置方面，都有很大的应用空间。如果不能命令，也应该鼓励部长们将政策评估结果用于与灾害管理有关的监管措施中，如私人和公共建筑的改造和防火、救援准备和实施等。

许多灾害风险管理政策的制定，在科学研究和风险评估的基础上，还可以使用成本-效益分析。

为此，应改进检查现行的方法，使其适应日本的国情。

此外还应对单个政策进行检查，将其系统地整合进日本综合灾害管理体系，使其成为一个整体。理想情况下，由内阁办公室来承担这一职责。也可以由内政和通信部来承担，目前它负责设计和实施政策评估系统（PES）。

建议3：政策在实施前后应仔细地评估，在综合风险管理体系内应优先考虑政策效率。

2. 风险评估与宣传

（1）灾害和风险评估。

尽管日本在地震灾害方面的科学研究具有较高的水平，但是在地震灾害风险评估的某些方面还有待加强，尤其是脆弱性评估方面。还应该加强地方政府，特别是资源相对匮乏的地方政府在决策过程中科学成果的应用。

应更加重视地震中个人和社会方面的脆弱性（或者恢复能力）。在灾害评估中，应逐步考虑较为普遍的人口脆弱性，以及一般社会脆弱性，例如与基础设施相关的社会脆弱性，并用于调整预防和应急措施。

应根据以往灾害的经验，针对日本大地震的具体情况，制定详细的脆弱性评估方法。脆弱性分析评估是对传统的基于风险的灾害管理政策的有益的补充。

应进行流行病学研究，以便更好地了解大地震对个人和社会的影响。这需要提前安排相关资源，制定相关协议，因为灾害过后，许多相关信息将会丢失，持续的观察变得难以实现。

日本地震调查研究推进总部（HERP）拥有较大的权力，调查科学评估在政策制定过程中的应用情况，为决策者提供支持，尤其是地方政府级别的决策者。

建议4：在传统的科学的风险评估的基础上，应高度重视并补充个人和社会方面的脆弱性评估。

（2）公共宣传。

公共政策制定过程认为的民众对地震风险的态度和现实中人们的实际态度之间，看上去存在很大的差距。因此，需要负责地震灾害管理的政府部门更好地了解人们对地震风险的态度以及原因。

应鼓励个人和社会对地震风险、风险感知和接受度的决定因素进行科学研究。

风险宣传不应是面向公众的单向教育。同样重要的是，在这个持续沟通过程中，风险管理者应了解居民的态度并对风险管理策略进行相应的调整。

应持续保持和加强人们的风险意识和风险文化。人们的风险意识往往在重大事件发生后有所增加，但随着时间推移又会逐渐回落。这种情况在其他国家很常见，但对于自然灾害频发的日本，建立风险意识和风险文化具有重要的意义。

建议5：必须更全面地了解个人和社会对地震风险的态度。为此，风险宣传，应该作为风险管理者与公众之间的常规的透明的对话。

3. 灾害预防

（1）建筑物抗震能力。

中央灾害管理委员会于 2006 年发布的《东京大都市地震预防战略》，针对大地震事件造成的损失，制定了远大的十年政策目标。这种基于结果的方法为促进抗震措施创造了动力。然而，迄今为止，似乎并没有实现该目标的具体方法和措施。虽然地方政府一直坚持该政策目标，但是市政府和县政府都不明确他们的具体职责。

要实现抗震工程的长期政策目标，需要明确各部门的作用和职责，制定资源分配和设备选择的标准。一套清晰的全国抗震体系，必然会在保持地方政府和公共机构自主权的同时，还会提高政策的连贯性和效率。

在这方面，应鼓励系统地使用成本-效益分析，对项目进行评估并确定工作的优先次序。

经合组织（OECD）关于学校地震安全指南，推荐了一个系统的基于风险的和以结果为导向的方法，还推荐制定抗震安全、设计标准以及实施预案等可量化的目标（经合组织，2005 年）。

应采取切实有效的措施，鼓励提高建筑物抗震能力，例如要求在房地产交易中告知有关地震灾害的信息。

建议 6：建筑物抗震能力方面的政策应明确规定实施原则和职责。

（2）土地利用与城市规划。

尽管日本所有的领土都面临地震灾害的风险，但日本大城市地区的风险是最高的。为提高公众风险意识，并为利益相关方提供可能的应急预案，东京市区已经确定了有可能发生的 18 种类型的地震。同时，考虑到地震传统的循环周期，东海地区随时有可能暴发 8 级左右的大地震。

中央政府、县政府和地方估计，人口、建筑和资产的集中对灾害应急响应（人员疏散、庇护等）是巨大的挑战。尽管如此，土地利用和城市规划政策并没有关于限制活动断层附近区域土地利用的措施，也没有关于减少地震风险系数极高地区人口和财产集中的规定。适于居住的地区过高的人口密度已经不可能将地震风险纳入土地利用政策。

长期的人口减少将促进城市模式逐步改变。但是，在未来几十年，常规方案不可能实质性改变地震多发地区的风险暴露度。

已经在小范围内在现有土地利用和城市规划政策基础上，部分建立了改变地震多发区人口和经济活动的集中度的长期目标，该目标应推广到更多地区，并得到更多政策的支持。

将需要进一步努力使与土地利用和城市发展有关的各级政府和其他利益相

关方更加了解地震风险。同时也需要加强土地利用和城市规划政策方面的法律手段。

在短期内，可以就老龄化、土地利用和自然灾害等问题开展一次全国性的大讨论，将所有利益相关方（普通公众、民间社会组织、私营企业的代表、基础设施运行者、学术界、政府部门等）的想法集中起来，形成共识。

短期内应考虑活动断层土地利用限制，至少应考虑对公共建筑（学校、医院等）和基础设施的限制。

建议 7：在未来几十年人口快速减少的背景下，土地利用和城市规划需要更多地考虑地震风险因素，力求逐渐减少地震风险区域的人口密度。在短期内，应谨慎使用地表断层附近区域的土地。

4. 应急准备和响应

（1）掌握地震的次生影响。

尽管日本政府承担着地震风险总体管理的责任和为基本服务和危险性产业的私营企业进行总体指导的责任，但是对一些基础设施（如危险品储存库、管线、电网等）缺乏确切的了解。由于缺乏次生风险（如化学品泄漏、工业事故或电力中断等）的详细信息，大地震可能会带来巨大的间接损失，而政府不能控制其发展。

中央灾害管理委员会（CDMC）已经强调了需要对东京地区由地震引起的工业危害风险采取更严格的措施。

国家和地方政府以及相关企业，将根据《石油工业综合设施和其他石油设施的防灾法》改进措施。它们还将加强评估石油综合设施的灾害如何影响邻近地区，并且通过改造沿海老工业设施、发展紧急地震公告和其他技术，来提升重大灾害的预备工作。

为防止沿海石油综合设施灾害蔓延至邻近地区，国家和地方政府以及相关企业，将制定由石油罐晃动引起的大型火灾综合预防措施（中央灾害管理委员会 2005 年，第 26 页和第 28 页）。

将这些建议系统地运用于所有重要基础设施部门和危险工业部门是有益的。

应根据每个部门具体的管理和经济条件，制定数据收集和信息共享的常规流程。

应采用法律措施，强制实施某些必要的措施（比如在 CalARP 中），建立适当的信息保密措施。

和经合组织的其他成员国一样，重要行业风险管理程序的控制应当成为管理和监督部门目前实施措施的一部分。

建议 8：政府监管部门需要在职责范围内更深入地了解地震风险管理相关的

知识，并明确对重要基础设施部门以及危险工业方面的监督职责。

（2）公共部门和私营企业的连续性规划。

连续性规划已在日本一些大企业中有所发展，但并不具系统性，而且在中小型企业中几乎是没有的。

政府部门、公共部门之间的相互依赖性迫切要求在整个政府系统内制定跨部门的连续性规划，灾害风险管理部门目前在这方面似乎还存在差距。

最后，无论在机构内部还是大型社会中应急准备、灾害预防和连续性规划之间存在重要的协同作用。目前，在地方政府和中央政府级别这些活动之间的合作都很有限。

根据经合组织其他国家的经验，一般来说，政府和公共部门在其制定政策时应包括连续作业预案的要求。

上述要求需要有适应日本地震风险特性的国家标准的认证程序支持。

同时日本在自然灾害管理方面的经验具有重要的价值，应大力推动自然灾害过程中连续作业管理的国际标准的制定。

应加强内阁办公室增强政府内部连续性规划方面的职责，在内部审计和评价过程中，应将连续性规划视为灾害管理的必要因素。

在建立应急准备、灾害预防的联系以及积极促进连续性规划时，应更好地利用消防和救援部门。例如，市政消防部门可以在其传统消防责任的基础上，扩大在应急准备和连续性规划方面的责任。

建议 9：有必要进一步促进私营企业和公共机构，特别是中小型企业（SME）的连续性规划的实施。

（3）危机管理：从高频灾害到大型灾害。

无论从覆盖领土的广泛性还是从技术的先进性，日本都拥有体现最先进的地震灾害预警系统。缺点是，无论是在设计还是执行中，每一个灾害响应指挥部门都分别隶属于不同部门和级别，它们都不能作为一个综合的危机管理体系而发挥作用。因此，中央政府行使国家指挥和协调的正式权力可能会因缺乏有效工具而受阻。

另外，地方政府的决策者似乎也不能充分认识中央政府在重大灾害中的指挥和协调作用。

危机管理体系中所有参与者都应该十分清楚整个指挥链。

职责划分时必须考虑在应对紧急事件时国家的总体需求和各部门之间的相互依存关系。

根据指挥链委派任务时，每条委派指令必须有明确的目标和任务，以及汇报和评价要求。

如果根据事件规模，不得不改变现有的管理职责，应考虑结构简单的精细化的机构框架设计。还应加强针对这种职责的变化而进行必要的演练和培训。

建议10：中央政府需要加强应对重大灾害时全国协调的能力和手段。

5. 灾后问题

（1）灾后恢复和重建。

大地震灾害之后的恢复，特别是大都市地区的恢复，在规划、协调、融资和决策方面都面临巨大的挑战，但神户（Kobe）的例子表明，灾后恢复也可以成为一次机遇，不仅可以减少城市的脆弱性，还可以提高城市可持续性、经济吸引力以及宜居性。

因此，灾后恢复目标应该是：在高风险地区的所有参与者（公民、非政府组织、私营公司和地方政府）之间，就重建的效果达成共识。当灾害影响超出了本地范围，应该让外部单位（如地区或中央政府、邻近地区等）都参与进来。

对主要重建目标的广泛共识，应该是大地震后的重建工作的基础，从而避免不必要的冲突和重复建设，节约时间和资源。显然，这种总体目标体系必须根据地震后的具体需求和可用资源来进行调整。

即使在非灾害时期，当地土地利用和城市规划政策也应该有一个长期目标。

政府还应努力推进重建的进度，监管资金的可持续性。应有效地利用《灾害援助法》和《减灾法案》援助资金上需要帮助的人。

建议11：政府应鼓励各市、县政府征求当地参与者的意见，就灾后恢复目标达成共识，并加强他们分析处理地震后需求的手段。

（2）保险：大风险的分担。

日本目前的地震保险制度是在新潟地震两年之后的 1966 年建立的，当时制定了《地震保险法案》。该制度的基础是政府支持的再保险，自实施以后，经历了几次改进和修订，包括扩大承保范围、修改保险费率，最近的修改是在 2007 年。然而，2005 年，家庭保险的市场渗透率只有 20%，商业保险的占有率仅限于几个百分点。

保险产品承保的风险类型应该更加详细。保险产品的设计应该更好地反映地方各县以及大都市地区的风险水平。为此，有必要使用风险图和地震运动预测图，进一步改进风险评估的方法。

应进一步提高公众的地震风险意识。应制定相关政策，对每一栋建筑进行风险评估，并用更易于理解的方式对评估结果信息加以宣传。

对采取合理风险防范措施的投保人，应采用差别化的保险费，从而鼓励投保人采取风险防范措施。在某些情况下，这种差别化的保险费，可能会导致居民个人没有能力支付地震保险，因此还须同时考虑针对这些高风险人群的具体措施。

　　增加个人保险的承保范围，提高风险防范激励手段，同时还应该考虑扩大政府支持的再保险。

　　对于受地震风险影响的商业，应鼓励诸如 CAT 债券有债权等新金融手段，代替传统保险产品。

　　建议 12：通过制定差别化的保险费、提高公众风险意识的途径，提高地震风险保险的市场渗透率。

第7章 简介——日本的地震危险性

7.1 日本地震概况

日本是世界上最容易发生地震的地区之一。它仅占全球陆地面积的 0.25%，但在 1997—2006 年之间经历 7 级及以上地震的次数却占全球同级地震总数的 18%。

因为地处 4 个大陆构造板块的交汇处，日本所有领土地震风险的暴露度极高。

因为海洋板块（太平洋板块和菲律宾海板块）在此处沉入大陆板块（北美板块、欧亚板块），太平洋沿岸群岛（从北方的北海道到本州岛的东南端，以及南部的九州岛外部）地震活动特别活跃，这会导致在板块内部（正在俯冲或者已经发生俯冲的板块）或板块边界（中间地带）发生俯冲带大地震，且震级常高达 8 级。俯冲带地震的地震波通常持续很长时间（1s 或更多），引起地表强烈的震动。震动会持续 1~3min。通常这些地震会伴随海啸灾害，而海啸的影响会波及远离震中的沿海地区。

例如，在东京、名古屋和大阪的太平洋海岸线之外的南海海槽周围，每隔90~150 年就会发生一次俯冲带大地震。根据震源不同，这些地震有不同的名称——"南海和东南海大地震"的震源为九州地区和本州岛东南端之间，然而"东海地震"的震源为东京湾西南约 200km 的区域。

由于较低深度（水面以下 20km 以内）工作时的压缩力，地震也可以发生远离俯冲带的地区，这种浅层内陆地震发生在活动断层线上，地震周期长达上千年甚至数万年。震级通常较小，震时较短，但会对特定区域造成极大的破坏。在日本领土范围内确定有 2000 个类似的活动断层，其中有 110 个危险系数较高，是重点研究的对象。然而，由于浅层内陆地震周期较长，也可能在未知的活动断层地区发生。1995 年的阪神-淡路大地震（又称兵库县南部地震）就发生在认定危险级别不高的活动断层（Nojima 断层）处。2004 年和 2005 年新潟县和福冈县分别暴发了地震灾害，也都发生在未知活动断层处。很有可能还有大量的未知活动断层线有待发现。

地震在日本海的东部边缘发生，一些专家认为，这是由于北美和欧亚板块新的边界碰撞的结果。

7.2   毁灭性大地震

日本的历史是毁灭性大地震的战斗史。东京市所在的关东地区，历史上每隔 200～300 年就会经历 8 级大地震（在这期间也发生过数次 7 级地震）。距离现在最近的是"关东大地震"，发生在 1923 年 9 月 1 日，摧毁了东京一半的地区和横滨大部分地区（图 7.1、图 7.2）。地震引起大火和 12m 高的海啸，导致105000 人死亡、数百万人无家可归（美国地质勘测，2007 年，日本时间科学表）。

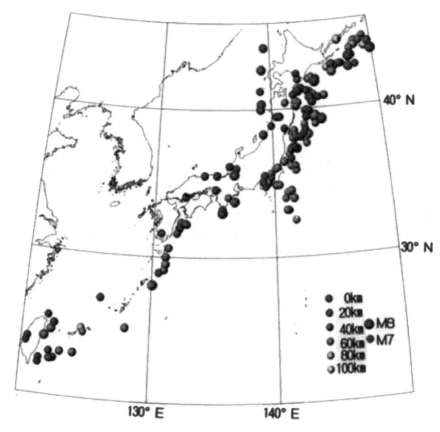

图 7.1   日本及周边地区的 7 级及以上的地震分布
（1885—1995 年，震源深度 100km 以内的地震）
资料来源：日本地震调查研究推进总部。

图 7.2　1923 年的"关东大地震"在东京造成的破坏（从京桥的第一实业崇光百货
建筑的顶部观察到的日本桥和神田。）

资料来源：地震地图，大阪每日新闻，1923 年。

但"关东大地震"也是近代日本发展的一个里程碑。从那以后，社会变动加剧，城市规划进行了大修改（Reischauer，1953 年）。重建东京被视为是发展现代运输和公共服务基础设施的一次时机，建造抵御性更大的公共建筑，在新的地震发生时可以用于充当避难所。为应对全国地震造成的混乱和社会动荡，将更多的注意力转向更好地为类似的事件做好准备，以及促进灾害信息交流。1960 年 9 月 1 日被指定为"国家防灾日"。

阪神-淡路大地震是浅层内陆型地震。于 1995 年 1 月 15 日上午 5 时 46 分袭击神户市，是自第二次世界大战以来日本代价最高的灾害事件。这次地震在日本气象厅的灾害规模记录达到了 7.3 级，强度为 7 级为最高级。原因是人们被地面震动抛掷，不能自由行走，抗震系数很高的建筑物也受到破坏。这是首次在现代城市中心区域发生大地震：神户有 150 万居民，是日本最大的港口，世界第六大港口。

阪神-淡路大地震的后果是灾害性的。死亡人数超过 6400 人，疏散人口约 32 万人。大火发生在地震后几分钟内，并迅速蔓延。40 万座建筑物受到破坏，其中超过 10 万座坍塌。在 1995 年 1 月末，约 23 万人使用了紧急避难所。大部分城市基础设施被毁，85% 的学校遭到严重破坏。神户港部分地区是人工填海而成的，受到土壤变形（液化）等严重破坏。主要道路、铁路、火车和地铁站要么倒塌，要么严重受损。燃气服务中断长达 2 个半月的时间，供水和废水排污中断长达 4 个月。总体损失估计接近 10 万亿日元，或达到国内生产总值（GDP）的 2.5%。

阪神-淡路大地震触发了灾害风险管理的各个领域的变化：从风险评估到保险，从法律制定到救援实施。

阪神-淡路大地震之后，日本再一次代价最高的地震于 2004 年 10 月 23 日发生在新潟地区。地震震级 6.8 级，日本气象局的地震强度为 7 级，40 人死亡。总体经济影响估计超过 3 万亿日元，成为日本历史上代价最高的自然灾害之一。

大约 10 万人口不得不寻求临时避难所，上千人不得不数年都住在临时住房中。新潟地区过去的 50 年中经历过好几次地震，包括 1964 年的新潟地震，但对房屋造成的损害都相对较少。

这次地震的一些特性其高成本的原因：首先是地面加速度非常高，是阪神-淡路大地震的两倍。这远远超出了现有的建筑标准能承受的范围，导致大部分道路、桥梁、铁路轨道等基础设施的大面积破坏。新干线列车第一次在地震中脱轨；其次是地震引发大面积山体滑坡（由新潟州记录的山体滑坡有 442 次）。再加上"台风蝎虎"刚刚横扫过这个地区，暴雨使地面变得不稳定。

7.3　当前面临的地震风险

报告显示大地震灾害的影响具有多样性，包括：对个人造成的直接损害（死亡、身心伤害）、对有形资产（建筑物、厂房和设备、基础设施、文化资产、农作物等）以及土地本身（农耕土地的液化）造成的破坏；地震还会引发很多其他危险，如海啸、山体滑坡、火灾、石油泄漏或危险物质的排放等；这些灾害反过来又给人们、建筑物和环境造成损害；地震的间接后果包括在工业、服务和公用部门中生产中断而造成的生产力损失，甚至影响一个地区的经济吸引力或竞争力。

日本不断地对大地震相关风险进行评估。将来，最严重的威胁是东海、东南海和南海海域地震，都发生在俯冲带且人口密集的地区。

日本地震调查研究推进总部估计，在未来 30 年内，东海地震发生的概率为 87%，且震级为 8 级。上一次的"东海地震"发生在 1854 年，传统的地震周期是 100~150 年，许多研究者认为东海地震已经姗姗来迟。中央灾害管理委员会评估东海地震导致的最大后果是 9200 例死亡，26 万建筑完全被毁坏，以及 37 万亿日元（占 GDP 的 7.2%）的经济损失[3]。

最近的一次东南海地震和南海地震分别发生在 1944 年和 1946 年，两次地震的死亡人数都大于 1000 人。根据日本地震调查研究推进总部（HERP）的预测，未来 30 年内东南海发生地震的概率是 60%~70%，未来 50 年内概率则增长到 90%，且震级为 8.4 级。未来 30 年内南海发生地震的概率是 50%~80%，未来 50 年内概率则增长到 90%，且震级为 8.4 级。中央灾害管理委员会估计，东南海和南海地震的最大损失为 17800 例死亡和 57 万亿日元（超过 GDP 的 11%）的经济损失[4]。

无论如何，此类地震都是经合组织成员国所面临的最严重的风险之一。按照中央灾害管理委员会的预测，东南海或南海地震造成的损失可能要比迄今为止代价最高的卡特里娜飓风还要高 4 倍，它的后果将影响日本很多年，并对世界经济带来重要影响。

备注

[1]　根据日本气象厅的计算。

[2]　日本地震调查研究推进总部评估日本主要俯冲带和活动断层地震发生的概率，以及它们可能的震级和地点，并公布了国家全面的地震风险图（见 2.1 节）。

[3]　中央灾害管理委员会东海地震损失评估报告，东海地震对策专家委员会，2013 年 3 月。

[4]　中央灾害管理委员会东南海/南海地震损失评估报告，东南海/南海地震对策专家委员会，2003 年 9 月。

第8章 总体政策框架

8.1 国家战略和责任下放

日本灾害风险管理方面的法律保障主要是 1961 年颁布的《灾害应对基本法》。该法规定，中央政府、地方政府、公共部门分别在职责范围内担负着保护土地、人民生命及财产不受自然灾害侵害的责任。

在最高层中央政府，首相在中央灾害管理委员会的支持下作出决策。中央灾害管理委员会由首相担任主席，由灾害管理国务部长、内阁部长、日本主要机构（日本红十字会、日本银行、公共事业机构）的一把手、学术界和其他专家组成。其主要职责包括国家灾害管理战略制定（"灾害管理基本预案"中已规定）并督促该战略措施的全面实施。

日本灾害风险管理制度由 3 个层级组成：中央政府和两级地方政府（即县政府和市政府）。中央政府各省、部和地方政府负责制定本地区的灾害管理预案，并保证地方预案和"灾害管理基本预案"之间的一致性。同样，市政府根据县级预案制定各市的预案。

市政府担负实施责任：包括保护生命财产安全、土地利用规范、城市规划、信息提供、预警、应急响应、疏散和避难等。

《减灾法案》（1947 年）规定县级政府在紧急事件发生时，有可能承担救援、避难和提供临时住房、卫生保健、提供基本物资、紧急抢修等减灾措施。那么中央政府各部门的职责就是为县级政府或私营部门提供资源支持。县长可以将权力下放到市长。县级救援活动的经费低于一定数量时，由县政府与中央政府共同分担。

政策框架由具体的法律构成，一般都会针对特定的事件颁布某部法律。例如，1978 年颁布《大地震防震减灾专项法》，为可能发生的"东海地震"做准备，在首相指定有大地震风险的地区加强地震观测和调查，各级政府都要制定相应的防震减灾响应预案。

阪神-淡路大地震暴露了现有地震风险管理体系中存在的缺陷，因此《防震减灾管理专项措施法》（1995 年）得以颁布。此部法律特别强调了疏散区和疏散路线的规定，促进了学校建筑的防震改造。

此外，很多战略和主要预案规定了灾害风险管理各个领域的政策目标和政策导向。

1. 调查结果

灾害管理政策体系为国家政策目标与责任下放的衔接提供了正面实例。地方政府对灾害管理决策有很大的自主权，并被鼓励制定适应当地具体情况的预案。这种自主权在原则上受到中央政府长期原则和目标的约束。县级政府要向首相汇报他们在制定灾害管理预案和实施国家或地区目标方面的进展情况。在各地区内，各市政府向县政府提交本市的进度报告。国际最佳实践表明：地方政府应在了解当地灾害管理情况、需求和灾害风险的基础之上发展自身灾害管理能力，这极其重要。

但是，最近的全球性灾害突出了地方政府和中央部门在防震减灾政策以及应急管理方面的有效合作与协调的重要性。尽管近年来这方面已经有重大变化和进展，但日本地震灾害管理体系在这方面存在三个缺陷：

第一，与其他国家一样，地方政府应灾能力不足，不能充分、灵活地应对当地可能发生的风险，特别是应急响应和灾害响应。

在许多城市，市政府灾害管理资源不足的负面效果扩大，影响到公共职能的有效实施（专栏 8.1）。

专栏 8.1　日本权力下放方面临的挑战

县政府和市政府是日本的两级地方政府。全国共 47 个县，约 3000 个市，人口和规模差异很大。47 个县的人口规模从东京都市 1200 万人到鸟取的 61 万人大小不一；县行政划分山北海道地区的 80000km^2 到香川的 2000km^2 不等。行政市人口由横滨市的 350 万人，而东京青岛市约 200 个居民；北海道的足寄镇占地面积约有 1400km^2，长崎县的高岛镇只有 1.3km^2。

除了灾害风险管理方面的责任外，日本地方政府还负有很多其他职责，如教育、医疗、社会服务、基础设施、废物管理和警务等。以上各方面支出占公共支出总额的一半左右，按经合组织的标准支出水平很高。

自第二次世界大战以来，尽管在中央政府的支持下很多市政府进行了联合，已经减少了 70% 的支出，但许多城市还是由于太小而无法有效地发挥作用。例如，一项研究发现，大多数市政府并不具备按公共服务方面的要求实现规模经济（Hayashi，2002）。不稳定的税收标准和收入也是一个问题。2000

年达成一项协议，即将行政市的数量减少到 1000 个左右，但并未进一步明确削减的确切条件。

经济衰退时期，地方政府财政状况急剧恶化。地方债务在 GDP 的占比从 1991 年的 15% 提高到 2003 年的 40%，与其他经合组织成员国相比，这一数字持续偏高。地方政府今后几年迫切需要恢复财政可持续性。提高公共服务效率有可能成为实现这一目标的关键（经合组织，2005 年）。

目前，针对这个问题的应对措施是促进地方政府间的互助。实际上，这样的互助协议有很多：市间协议有 1940 个；县间协议有 558 个。互助协议虽然在灾害响应过程中产生积极的效果，却在确保地方政府灾害风险管理能力方面效果甚微。或许由于相邻地区往往同时遭受灾害，因此无暇顾及对方并提供帮助。看来，市政府负责灾害管理的官员并没有足够的实践经验，也缺乏对相应行政背景和法律背景。还有人认为，影响灾害管理问题之一是，功能责任下放给地方政府的同时，并没有给予相应资源和管理手段的支持：例如相关监督和评估政策的规定。在欧洲的一些国家，如英国和北欧国家，中央政府通过监督和评估地方政府职责的实施，从而全面把控国家灾害管理。

第二，多年来积累的法律和预案，是从灾害经验中吸取教训的结果，它们似乎构成了一个相当复杂却不透明的政策体系。灾害管理措施的实施根据有《灾害应对基本法》，6 部基本法，18 部防灾/备灾法，3 部灾害应急响应相关法律以及 23 部灾后恢复、重建和财政措施相关的法律。特别是《地方自治法》虽然确定了省、市之间部分职责分配的原则，但职责划分并不明确，而且每一层实施机构都和其他机构共同分担某项职责。

这可以与欧联部分成员国的最新政策体系进行比较，他们的政策是建设全面的法律体系，辅以针对特定问题的法规和条例。《欧洲洪水导则》中针对各种级别洪水的风险管理，规定了所有公众和地方政府等利益相关方的角色、职责以及目标。相信这样的法律体系使公众和实施单位更容易了解职能部门的作用、职责和目标。因此，可以通过类似的、更连贯的和统一的法律来促进和加强行政机构之间的合作。

尽管因为日本面临多重自然灾害，法律的复杂性是不可避免的，所以，准确理解灾害风险管理中自己的职责以及与其他各级单位分担责任的方式，都给市政府（尤其是资源有限的较小城市的市政府）带来了巨大的挑战。

第三，中央政府似乎还没找到适当的手段来有效地协调以及在必要时监督地方政府的决策。近年来中央政府的各种总体规划旨在解决中央政府缺乏协调和指导的问题。但是，由于促进和实施合作的方式有限，问题并没有得到解决。

例如，如果地方政府灾害管理实施过程中存在不足，目前没有这样的政府部门有权去实施纠正措施。

在人口稠密的城市地区灾民疏散和避难方面的问题，可能给市政府带来协调方面的挑战，目前似乎也没有清晰、有效的解决问题的决策机制。

日本中央政府使用过"软"手段来调节县或市政府灾害管理的决策。例如，2006年，中央灾害管理委员会发布受到台北南海地震影响的600个市镇名单，为市政府采取预防和备灾行动提供了有力的指导。内阁办公室发布的地震灾害、脆弱性和后果地图，受到大众媒体的欢迎，这产生了深远的影响（见本章下一节）。

然而，类似手段的使用似乎是偶然的和零碎的。

因此，虽然灾害管理预案确保地方政府和中央政府在政策目标和原则方面保持一致，但却缺乏能够保证实际实施方面一致性的手段。

2. 行动契机和建议

日本政府可以从四个方面为地方地震灾害管理决策提供支持和协调：

第一，较好的科学信息共享、好经验的收集和宣传、对比研究、查找问题、给地方政府所面临问题的提供具体指导。这些都是中央政府为地方政府提供决策支持和积极影响的灵活的手段。这些"软"手段应该加大应用力度，并进行系统应用。

第二，中央政府和各县应制定措施，加强规模较小的城市的灾害管理能力。这方面最低的要求是，提供更多的人员培训和教育，包括灾害风险管理的法律和行政方面的培训。一个更大胆的做法是，更加合理地集中当地灾害管理资源：一种方法是使市政府能够与提供灾害管理服务的机构签订契约合同，如瑞士各州之间的购买者和供应商的关系（2002年，经合组织）；另一种方法是像在荷兰的安全区一样，集中市政资源，建立适当规模的联合区域（荷兰公共安全和安保总局，2004年）。

第三，有必要进一步明确，在灾害管理体系中，公众和政府部门在行动、协调和合作过程中各自承担的责任，尤其是地方政府一级。

第四，需要加强政策评估和监督。灾害管理应充分利用成果指标，设定可测量的目标，明确实现目标的时间。中央政府应该得到授权以及充足的人力和财力资源，系统地评价地方政府灾害风险管理的政策，找出不足和协调方面的差距，并调动相关方面解决这些问题。

建议1：中央政府下放责任的同时，明确地方政府的角色和职责、加强资源整合，促进各级政府间的信息交流和协调，并对工作效果进行系统的评价和分析。

8.2　部门能力和协调

日本的行政制度特点是中央政府部门的责任下放，很大程度上有行政自由裁量权。中央灾害风险管理部门各司其职，负责本部门的工作人员、建筑物、设备及其附属机构、公共基础设施和外联活动（提高灾害意识，公-私伙伴关系）等方面的职责。

考虑到民事服务的力量和各部门的独立性，有必要强化首相的职责，确保重点部门之间的协调和合作。过去几十年来，首相在推动各项改革中发挥了主导作用，与许多其他经合组织国家相比，这是一种优势。然而，过度依赖首相个人的现状，也导致了有时改革进展缓慢且有失偏颇。

政府架构于 2001 年 1 月进行了大幅度修改，目的是：①加强政治领导，②改组国家行政机关，③提高公共行政部门的透明度，④精简中央政府部门。其中一些变化直接关系到处理地震风险管理的政府机构。

内阁办公室的设立就是为了完成跨部门协调，并设立了以首相为首的领导小组及咨询委员会，中央灾害管理委员会就是其中一个，由首相直接领导，全面推进政府内部的灾害管理工作，就重大问题进行论证。内阁办公室担任委员会秘书处，在负责协调减少灾害风险活动的内阁中设立了灾害管理国务部长一职。

2001 年 1 月后，另一个重要政策是 4 个部门合并成国土交通省（MLIT），作为负责施工标准、运输基础设施（道路、铁路、桥梁、港口、机场等）、水资源和河流管理设施（水坝、堤坝等）管理的部门，国土交通省在降低地震风险方面发挥了突出作用。

1. 调查结果

政府机构提供全面的地震风险管理措施。中央灾害管理委员会的主要责任是对这些措施进行综合协调，这在其他经合组织国家的风险管理体系中不多见。其重要优势是能时将科技成果应用到预警和疏散，或抗震救灾过程中运输基础设施的调度工作中，从而可以避免大量人员伤亡。

风险评估与风险管理决策之间尤其存在着密切的联系。部分国家主流科学家和科学组织，通过专家组参与中央灾害管理委员会的工作。还应指出，经过近年来的机构改革，研究地震风险的科学机构一直致力于用决策者和公众可以直接使用的语言来汇报研究结果。

内阁办公室在科学数据和研究结果向政策信息的转换方面也发挥了重要作

用，例如，2006 年古布和近畿地区制定了地震灾害风险图。媒体对此进行了广泛的报道，为提高该地区居民风险意识做出了贡献。内阁办公室通过担任中央灾害管理委员会秘书处的短短几年内，培养了大量的国内外关于地震风险管理的专业技能。它逐渐对日本面临的地震风险、地震风险管理体系的各种要素及其潜在弱点，形成了一套自己的看法。

委员会最活跃的部门是技术调查部。为获取信息、提高灾害管理意识，他们收集和分析过去灾害的经验和数据。并建立了地震后模拟情景，用于防范措施的制定。例如，2008 年 4 月，东京地震后的行人堵塞的模拟情景由东京大都会地震疏散措施技术调查委员会发布，并成为国家主流媒体的头条新闻。

中央政府具备类似的专业部门，这是日本政府机构设置的一个主要优势。

然而，中央政府在提升监督和控制各部门风险管理的能力方面仍然有改善空间。

中央灾害管理委员会的设置虽然恰到好处，但只负责重大地震事件政策的制定。内阁办公室只能就风险管理事宜向各部委和机构提供建议，例如，最近刚发布了《中央办公厅业务连续性指南》。其他部门提供技术指导，例如，国土交通省政府建筑署负责政府建筑物的建造和改造。与其他经合组织成员国一样，许多部门拥有跨部门控制和审计能力，包括总务省评估局、会计室和财务省。但是，这些部门不参与具体的灾害风险管理活动。

由于政府内部缺乏一致的灾害风险管理监督和控制机制，各省厅可以在很大程度上自我界定其在灾害管理体系中的职能、资金筹措、行动措施和措施结果评估。

这可能会造成各省厅工作效率的巨大差异、资源配置和确定工作优先级方面效率低下（另见 8.3 节），或者各省厅在识别和弥补实施差距方面的利益冲突。

2. 行动契机

应该赋予内阁办公室有效的职能，从全局监督和协调灾害管理活动。

应进一步加强内阁办公室在数据收集、分析政府灾害管理的优势和缺点、总结经验教训、提出改进措施和行动优先级等方面的职能。

应重新审视中央政府灾害管理的组织结构，从而提高效率和有效性。可以进一步整合内阁办公室和内阁秘书处在危机管理方面的职能。

日本政府可能希望设立一个负责审计和评估跨部门灾害管理活动的机构。这一职能可以交给一个现有的政府部门，通过组织设计确保将其与机构原来的业务（如果有的话）分开。许多经合组织成员国政府已经发展了这种内部评价的能力。挪威民事保护和应急规划委员会（DSB）就是一个很好的实例。

建议 2：应加强中央政府内部灾害管理活动的监督和协调。

8.3　政策评估和资源配置

在 20 世纪 60 年代初至 90 年代初期，日本灾害风险管理支出在政府总预算中的份额大大减少，从总预算的 9％下降到近 4.5％（内阁办公室，2002 年）。主要原因是灾后恢复和重建的支出份额逐步下降。由于日本社会的脆弱性较低（与战后相比）和采取的较好的防灾和减缓措施，灾害成本也有所下降。然而，自然灾害的不定期袭击可能会对灾害成本带来一定影响。

同时，用于防灾（防灾、提高风险意识和灾害响应能力）方面的支出份额大幅上升，然而一直以来，仅用于土地保护措施（防洪控制、水土流失控制、山体滑坡控制等）方面的支出，就占了灾害风险管理预算 1/2 左右。

过去几年中，灾后恢复和重建支出的下降趋势已经停止，几个因素表明这种趋势将来可能不会重现。

气候相关的自然灾害（台风、洪水等）的频繁性和严重性日益加剧，以及各种灾害经济成本的上升，将推动灾后恢复和重建费用的增加。但是，同样需要在灾害预防和准备方面投入更多的资金。

此外，日本正不断加快地震及其他自然灾害防御工程措施的进程，需要不断对私人及公共基础设施和建筑物进行维护和升级。例如，根据阪神-淡路大地震的教训，在 2005—2007 年期间，花费约 3300 亿日元对该国主要道路上的（不包括由私营部门管理的高速公路）桥梁进行了改造。

正在进行的私人、公共建筑和基础设施的改造运动表明公共预算远不能覆盖所有的地震灾害。从中期来看，国家财政预算越来越不利于灾害管理（专栏 8.2）。这意味着灾害管理工作可能面临严峻的财政限制，申请政府拨款的竞争可能会变得激烈。

国土交通省的支出预测清楚地表明：未来几年中财政预算前景非常明了。据 MLIT 计算，如果现在公共投资减少的趋势（中央拨款每年减少 3％，地方拨款每年减少 5％）持续到 2020 年，届时其基础设施方面的支出将全部用于基础设施的重建、更新和维护上（图 8.1）。

资源需求规模和资源稀缺性都表明政策评估和基于成本-效益分析的优先级确定有很大的相关性。对不同方案的成本-效益分析进行比较，是一个确保资源向挽救生命和减少经济、社会损失方面等领域分配的有效手段，尽管生命和非市场商品的估值方面一直缺乏有效的方法论，也一直备受争议。

2002 年 4 月，日本政府推出了全新的政策评估体系（PES）。政策评估体系要求各部门对其政策进行自评评估，采用以下一个或几个标准：必要性、效率、

专栏8.2 财 政 状 况

　　20世纪90年代日本经济停滞10年，政府采取措施刺激国家经济，使21世纪初财政状况急剧恶化。2002年，政府财政赤字达到国内生产总值的8.2%，公共债务达到国内生产总值的150%。

　　同年，政府通过了"改革与展望"财政整顿计划，目标是将公共开支在5年内保持在国内生产总值的38%以内，这个目标的实现得益于公共投资大幅减少。

　　然而，日本财政前景仍然不利于将来发展，主要原因是人口老龄化对社会支出的影响以及公共债务利息方面的负担。因此，几年内，日本其他方面的支出，特别是与灾害风险管理有关的支出，会呈现下降趋势。

　　资料来源：经合组织2006年。

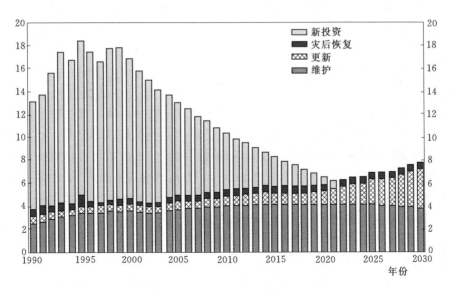

图 8.1　国土交通省的基础设施支出（如果现在的预算趋势仍然持续）

资料来源：国土交通省，2005年。

有效性、公平性和优先级。政策评估体系为日本的监管政策的制定提供评估依据，可以用于灾前和灾后对监管力度的评估。

　　1. 调查结果

　　自推行政策评估体系（PES）以来，对新的公共工程、研发项目和海外开发项目进行了系统地评估，并对现有项目（包括规章和制度）进行了自愿性评估。

到目前为止，逐一评估的做法让我们观察员难以跟踪大量项目和提案的进展。

总的来说，目前风险管理资源的分配似乎并不依赖于成本-收益评估，而由日本国会和各部门牵头决定。当然，问题在于，一个"社会规划者"并不总具备对称的信息和知识。随着日本灾害管理责任的下放，即使社会规划者没能意识到影响成本-收益的关键因素，也要确保各级部门的决策能够确保公共资源的合理利用。因此，合理地利用决策支持手段、明确规定预算分配和优先级界定原则可以提高效率。

以河流地震防御工程改造为例。国土交通省对全国大部分地区河段（并非全部）进行考察之后发现，有2400km的堤防有渗液现象，需要加固，总成本为2.4万亿日元（占国内生产总值的5‰），这项工作是2005—2008年三年计划中的一部分，其中55km河段优先级较高。

此类项目的特点：一是需求规模大、耗时长；二是考虑到全球变暖等现象对河流工程、技术变革或私人土地所有者的利益影响，项目期间成本和收益有很大程度的不确定性。因此，决策者合理地采取逐步优化的方法，保持高度灵活性，在不确定性降低时才做出不可逆的选择。然而，决策者也很容易被误导，推迟实施某个阶段的必要措施。因此，非常有必要确保资源分配建立在对不同行动方案的预期成本和效益及项目优先级的评估基础之上。目前，这些信息并不完善。

在没有恰当的优先级指标时，下放优先级界定权可以明显减少抗震减灾过程的效率损失。不同行政市学校建筑的改造虽然是相关问题。但是，市政府必须各自权衡其预算和支出情况、地震风险暴露度、学校建筑物抗震性能等方面来界定其优先级别。神奈川市位于东海地区，其南部地区未来30年内有26％的可能性发生强度为6级以上的地震，因此其中小学建筑物的改造率达89％，而长崎市的改造率下降到37％，因为此地区发生地震的概率在3％以下。同理，东京都各区学校建筑改造率的差异也可能很大（品川区为53％，而3个相邻区平均改造率为96％）。

在这种情况下，对更广泛的灾害管理政策进行战略性政策评估是政府全面政策和措施评估的重要步骤。

2. 行动契机

尽管与许多经合组织国家相比，日本较晚开始"监管影响分析"（RIA），但通过努力已经有了相当大的势头。按照2004年3月的新的"监管改革三年计划"，各部门将对规划的和现有的制度进行适当的监管影响分析。当务之急，应该对地震风险管理政策进行系统的监管影响分析。

对政策进行系统的评估，可显著改进灾害管理。2002年开始使用的政策评估系统（PES）和其他研究结果（例如，改进房屋结构、固定室内家具等措施在减少死亡率方面的有效性），无论是在预算过程还是机构设置方面，都有很大的应用空间。如果不能命令，也应该鼓励部长们将政策评估结果用于与灾害管理有关的监管措施中，如私人和公共建筑的改造和防火、救援准备和实施等。

许多灾难风险管理政策的制定，在科学研究和风险评估的基础上，还可以使用成本-效益分析。

为此，应检查现行的方法，使其适应日本的国情。

此外，还应对单个政策进行检查，将其系统地整合进日本综合灾害管理体系，使其成为一个整体。理想情况下，由内阁办公室来承担这一职责。也可以由内政和通信部来承担，目前它负责设计和实施政策评估系统（PES）。

建议3：政策在实施前后应仔细地评估，在综合风险管理体系内应优先考虑政策效率。

备注

[1]   见美国管理和预算局（2003）：关于监管分析的第 A - 4 号通知，第 29 - 30 页。
[2]   日本气象厅强度规模。
[3]   日本地震调查研究推进总部（HERP）的估计。
[4]   由文部科学省（MEXT，2007）进行的一项调查得出的翻新改造率。

第9章 风险评估与宣传

9.1 灾害与风险评估

日本拥有世界一流的地震学研究，且可能是世界上通过传感器、GFS 监测和勘测，监测地震地壳运动和地质条件观测最密集的国家。地震现象观察和数据采集的工作涉及很多部门（表 9.1）。

日本气象厅（JMA）在全国约 200 个观测点设有地震仪，不间断地、实时地分析震颤数据，并通过中央政府、地方政府、大众媒体向公民传播地震预警和海啸预警。此外，日本气象厅（JMA）在 600 个观测点设有震级计，并在几分钟内在线提供观测到的地震规模的数据。此外，当需要根据研究机构、地方政府和大学的数据探测地震前兆时，日本气象局还可以提供与"东海地震"有关的数据。

地理调查研究所（GSI，直属于国土交通省）负责记录地壳运动。GSI 运营 GPS 地球观测网络系统（GEONET），旨在通过国土范围内 1231 个 GPS 监测点记录板块运动，以便勘测沿陆地或海沟发生的地震。监测点之间的平均距离为 20km，是世界上监测密度最高的 GPS 监测网络。收集的 GPS 数据传输到 GSI，每 3h 可以通过分析确定每个监测点的坐标，并进行精读小于 1cm 的地理坐标变化的地壳运动监测。假设大地震发生，在地震发生几个小时内对地壳运动进行计算和分析，并公布分析结果。

日本国家地球科学和灾害预防研究中心（NIED，直属于文部科技省）在全国管理 3 个地震仪网络：第一个是 K-net 地震仪网络，分布在大约 1000 个地点，能够记录大规模、破坏性强的地震运动；第二个是 Hi-net 地震仪网络，分布在大约 750 个地点，安装有高灵敏度地震仪，用于检测人类不能感知的微弱地震运动（监测数据实时传送给日本气象厅，用于地震预警）；第三个是 F-net 宽带地震仪网络，分布在全国约 70 个地点，能够准确地检测到地震源较远的缓慢的震动运动（监测数据用于研究地震断层变化和地球内部结构变化）。NIED 还进行各种强烈震动预测和地震灾害评估，制定地震风险地图等活动。

高级工业科学技术研究所（AIST，直属于经济产业省）进行国家地质勘测，对地质灾害（地震、山体滑坡、火山喷发）进行紧急事件现场调查，并向灾害管理部门提供有关工作中自然现象的科学信息。

表 9.1

2007 年 3 月的政府地震监测设施

观测站[1]（截至 2007 年 3 月）

地震调查研究推进总部

观测组织	高灵敏度地震仪 陆地	高灵敏度地震仪 海底[2]	宽带地震仪 TYPE I[3]	宽带地震仪 TYPE II[4]	强力地震仪 地面	强力地震仪 井内	大地测量 GPS	大地测量 SLR	大地测量 VLBI	大地测量 Strain[5]	海底测站	地下水观测台	地磁观测台	重力天文台	潮汐和/或海啸观测台
文部科技省							7								
国立大学大学公司	235	6 (2)	12[6]	34	6	17	73			93		19	36	3	4
国家地球科学和灾害预防研究中心	777	6 (1)	22	51	1707	681	4			56		5			5
日本海洋科学与技术局		5 (2)													4
国土交通省					1332	105	1337	1	4	5					74
地理调查研究所										36			16	2	27
日本气象厅	183[7]	8 (2)		1	584		30			15			6		86[8]
水文部日本海岸警卫队					2	8	3				16		1		28
高级工业科学技术研究所	13											42			
总和	1208	25 (7)	33[10]	86	3751[11]	811	1454	1	4	205	16	66	59	5	228[9]

[1] 临时观测点不计数。
[2] 括号中的数字表示电缆数量。
[3] 测量范围是从小地球自由振荡到的宽带地震仪。
[4] 测量范围是从较短周期的微地震到短周期的宽带地震仪。
[5] 应变仪、体积应变仪、gthree 组件应变仪和伸缩仪。
[6] 国立大学公司的宽带地震仪放在高灵敏度地震仪劳边。
[7] 该数字被包含在高灵敏度地震仪中。
[8] JMA 高灵敏度地震仪包括相当于 2 型宽带地震仪的 20 台地震仪。
[9] 它包括地方政府运行的 10 个观测点和 2 个其他机构的观测点。
[10] Nemuro 观测设备是日本国家地震科学和灾害预防研究中心和国立大学校区的合作设施。
[11] 此外，地方公共部门约有 2800 个烈度观测点表。

资料来源：日本地震调查研究推进总部（HERP，2007）。

几所大学地震中心也拥有自己的地震仪网络。

多个研究中心根据观测机构提供的数据，制定了详细的有关灾害、后果以及脆弱性的地图。

内阁办公室预测地震强度的分布和海啸的高度，特别是预测东海、东南海、日本海沟、千岛海沟和东京都内陆浅层地震。

1995 年 7 月，在"阪神-淡路大地震"之后，根据《地震灾害预防特别措施法》成立了日本地震调查研究推进总部，负责协调地震研究和风险评估工作。HERP 隶属于文部科技省。1999 年，HERP 发布了"关于促进地震调查、研究的措施：地震观测、调查、研究的综合性、基础措施"的政策性文件。该文件列出了需要立即推广的研究课题，其中之一就是制定全国地震风险图。

作为这项工作的一部分，HERP 地震研究委员会已经评估了 98 次主要活动断层和俯冲带地震发生的规模和再次地震的概率，并公布了结果。2005 年，委员会将这些评估结果纳入到日本的综合地震风险地图中（图 9.1）。

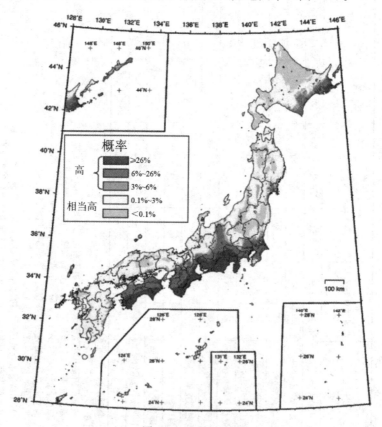

图 9.1　地震风险图

资料来源：地震调查研究推进总部（HERP），网址：

http：//www.jishin.go.jp/main/index‐e.html。

1. 调查结果

地震现象的观察和评估应符合国际最高标准，灾害管理部门意识到保持这一标准的必要性。

例如，根据《大规模地震对策特别法》第四条规定，中央政府应持续监测水资源、土地变化。通过加大勘测点密度，加强地震多发区大规模地震预告相关的水体和土地监测，从而预防或减缓地震等灾害影响。地震多发区以外的地区，政府也要建立地震观测、勘测和研究体系。

作为对 1995 年阪神-淡路大地震的响应措施，地理测绘研究所（GSI）欲制定具有活动断层的大都市地区的详细地图，用于评估地震风险，也作为地区政府制定抗震减灾预案的基本信息。2004 年"新潟-中越地震"中，山区的损失非常大，之后扩大了活动断层的勘测。

尽管日本拥有先进的、地震危险性方面的科学研究，但是在地震风险评估方面还有待加强，尤其是脆弱性评估方面。人们开始认识到人类易受自然灾害影响的脆弱性因素，可以帮助更好地了解和预测地震后果（专栏 9.1）。

专栏 9.1 自然灾害中影响人类脆弱性的因素

紧急事件中，影响人类脆弱性的 3 个影响因素为性别、年龄和是否残疾。尽管官员应急响应和准备的意识非常高，但是当灾害发生时，儿童、老人、妇女和残疾人却总是主要的受害者。

神户地震中就曾经上演类似的悲剧：在灾害死亡人数中，约有 50% 年龄在 60 岁以上；80 岁以上人口的死亡率是 50 岁以下人口的 6 倍；而在 60 岁以上的死亡人数中，女性是男性的两倍。

许多老人居住的木屋在地震中倒塌，这一事实解释了老年人在灾害中过度死亡的现象；此外，地震中，建筑物的一楼更容易塌陷，而其余部分仍然完好无损，而老年人恰恰多居住在一楼；有迹象表明，一些老年人的痛苦延续至灾后，老年人在避难所和临时住房中的死亡和发病的几率都较高。避难所死亡人数升高的主要原因有很多，其中之一是老年人患上肺炎的几率很高。另外，传闻有证据表明地震后的几个月，临时住房中的老年人中也有自杀的现象。

在一个老年人口的比例已经很高，在未来几十年里还会继续增加的社会中，这确实是必须吸取的教训之一。然而，在老年人群体情况确实比较复杂、多样，有些人比其他人更脆弱。例如，独立生活的老年女性是经合组织成员国中收入最低的人群之一。在神户，许多老人聚居的地区生活成

> 本低、住宅没有地震防御措施，地震中受灾死亡率尤其高。
>
> 　　而性别、年龄和残疾不是地震灾害脆弱性的唯一因素。外国临时居民、移民和游客有可能因为语言不通或文化差异而不能迅速做出正确的灾害响应。例如：2004 年的印度洋海啸中，面对致命的威胁，成千上万的游客和穷人，以及居住在沿海地带的移民都感到同样的无助。

Wisner 和 Uitto 在 20 世纪 90 年代后期的联合国大学项目体系内进行的研究表明，东京地震灾害模型在计算中没有考虑到灾民的性别和年龄因素，只考虑了日间和夜间人口的差异。同样，也没有对"疏散风险"（即：到达专门用于地震避难的"开放空间"所需要的时间和可能遇到危险）加以考量和评估。1996 年，在东京 23 个"特别区"的地震灾害准备预案中，只有一个区（Setagaya）纳入了关于 65 岁以上的人口的社会数据。然而，这些信息仅用于准备演习中，而没有在基于 GIS 的脆弱性评估体系中应用。但这种信息是非常有用的。

另外，对重大地震对身体和精神健康的长期影响以及长期社会经济后果的了解也不足。

科学的风险评估与政策决策之间的联系是日本地震风险管理体系的优势之一，尤其表现在中央灾害管理委员会的专家组和内阁办公室的工作方面。在安全时期和灾害时期，决策过程中都要向国家前沿科学家和科学机构咨询。国家制定的重大地震风险（东海、东南海、南海、千岛地壳和东京浅层内陆地震）的战略政策都是建立在良好的科学研究投入的基础上的。

在这一方面，特别是在前面提到的资源经常受到限制的地方政府，可以进一步加强在决策中科学研究方面的投入。

应该更加重视了解地震灾害中，个人以及社会群体的脆弱性（或者弹性）。在损失评估中，应逐渐考虑人口脆弱性因素的普遍程度以及与基础设施的社会脆弱性，并将这些信息用于调整备灾和响应措施中。

应根据以往灾害中积累的经验，针对日本重大地震的具体情况，制定详细的脆弱性评估方法。脆弱性评估是对传统的、基于风险的灾害管理政策的有益补充。

2. 行动契机

应进行流行病学研究，以更好地了解大地震对个人和社区的影响。这需要事先建立相关的信息和数据接口，因为地震中很多相关信息会丢失，震后难以进行一致的观测。

HERP 的政策委员会的职权可以适当扩大、调查在决策过程中使用科学评估的情况，并接触地方政府的决策部门。

建议 4：在传统的科学的风险评估的基础上，应高度重视并补充个人和社会方面的脆弱性评估。

9.2 公共宣传

在灾害事件中或之后，灾民的正确响应和行为可能会拯救众多生命。时间在实施救援行动中至关重要，在训练有素的救援人员到达之前，当地社区应及时展开尽可能多的自救活动。在电信运输系统可能崩溃的城市中，救援人员几乎不可能及时到达受灾地区去营救灾民。1985 年墨西哥城地震与神户地震类似的灾害经验表明，被困在建筑物中的大多数灾民都是被邻居和社区居民救出的。可悲的是，在墨西哥地震中，由于缺乏训练，出现了志愿救援人员死亡的事件。

在日本，政府机构和市政府投入大量资源推进地震风险文化，进行宣传活动，例如：分发地震风险地图、使用象形图画、模拟等。最值引人注意的是 9 月 1 日的"防灾日"，这是在"防灾周"的体系中进行的一年一度的抗震减灾活动，自 1982 年以来一直在举办。"防灾周"包括展览、演习、信息资料发放等活动，旨在提高公民的灾害防范意识。在"防灾日"，政府每天在日本不同地点进行全面的应急演习。这次演习可能涉及数十万人、区域和地方政府以及中央政府的主要灾害管理部门。

为让居民做好防灾准备，很多地区还采取了很多其他措施。例如，东京市中心的千代田区，每 6 个月在 6 个地点组织一次活动，每次涉及 500 人（占该区夜间居民的 1%）。

此外，阪神-淡路大地震之后，鼓励建立具有实施救援行动基本技能的小型公民团体作为政府救援活动的补充（而不是替代）。美国洛杉矶也在使用同样的模式，并建立了社区应急小组。

1. 调查结果

与其他发达国家相比，日本人口的风险意识很高，这与领土内自然灾害暴露度高有关。许多处理灾害问题的常设讨论小组、社区组织等的存在，证明了社区高度的自我组织性。

然而，调查研究表明，日本人口的地震风险意识在某些方面还存在不足。内阁办公室 1991 年进行的一项调查显示，神户所在的日本西部地区，只有 8.4% 的人认为本地区有发生大地震的可能，而全国 22.9% 的人也持有相同看法。但是实际的地震发生概率证明这种看法是不合理的。与此同时，神户的商业设施大多建在易液化的土地上，抗震水平低的住宅和商业建筑比例很大。

虽然日本的整体地震知识水平明显高于很多其他国家，但公众似乎并不清楚表示震动强度、测量地震幅度大小的地震强度数据。

内阁办公室的防灾调查也显示，个人为保护自己及其亲属免受伤害而采取的行动是衡量风险意识的指标，在这方面居民的行动在灾害发生之后会有所增加，但随之又开始有所回落（图 9.2）。

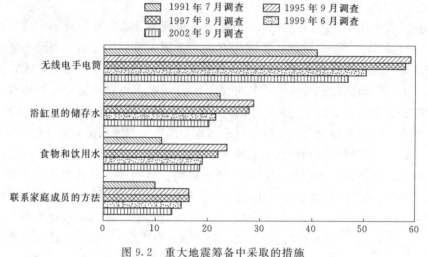

图 9.2　重大地震筹备中采取的措施

资料来源：Suganuma（2006），根据内阁办公室的防灾调查数据。

在公共政策制定过程中居民对地震风险的态度的假定和现实中人们的态度之间，存在很大的差距。例如，个人改造房屋的计划并不总是和政府在房屋改造方面的目标一致。同样，政府和各产业为防范地震风险而做出的努力并不十分成功。

因此，需要负责地震灾害管理的政府部门更好地了解人们对地震风险的态度以及原因。

2. 行动契机

应鼓励对个人和社会对地震风险、风险感知和接受度的决定因素进行科学研究。

风险宣传不应是面向公众的单向教育，在这个长期对话过程中，风险管理者了解居民的态度并对风险管理策略进行相应的调整同等重要。

应持续保持和加强人们的风险意识和风险文化。人们的风险意识往往是在重大灾害事件之后提高，但之后逐渐降低，然后回落到固有的水平。这种情况在其他国家很常见，但对于自然灾害频发的日本，建立风险意识和风险文化具有重要的意义。

建议 5：必须更全面地了解个人和社会对地震风险的态度。为此，必须加强风险管理者与公众之间的规范的、透明的沟通渠道。

第10章 灾害预防

10.1 地震防御工程的建设

神户灾害显示：建筑物的抗震设计和改造极其重要。很多人死于第二次世界大战后建造的一层或两层木制房屋。由钢筋混凝土加固了的、新的多层建筑物也受到了破坏，然而，1981 年修订的建筑标准规定了建筑弹性方面的要求，符合这些要求的建筑物在地震中总的来说表现很好。

政府试图促进私人和公共建筑的改造、翻新，尤其是在阪神-淡路大地震之后。1995 年，日本议会通过了《建筑物抗震加固促进法》，放宽了对现有的不合格的楼宇的限制，并降低了一项与房屋贷款公司有关的借贷计划的利率。该法主要针对学校、医院、办公楼等人口密集的建筑，不包括独栋房屋。不过，1998 年，政府出台新的规定以补贴独栋房屋的抗震检查。

然而，该法案通过大约 10 年之后，只有 12000 幢人口密集的楼宇按照当地政府的要求进行了改造，其余 90000 幢楼房根本没有足够的抵抗能力（日本现有建筑中人口密集楼宇的比例占 25％）。例如，日本文部科学省估计，有超过 40％的公立中小学学校建筑是不符合地震安全要求的（表 10.1）。

表 10.1 公立中小学校舍抗震等级

建筑类型	等 级	数量	占总数的百分比/％
建于 1982 年后	认为安全的建筑物	48797	37.7
建于 1981 年前	评估安全或经改造的建筑物总数	27126	20.9
	安全建筑总数	75923	58.6
建于 1981 年前	评估的不安全建筑物	45041	34.8
	未做评估的建筑物	8595	6.6
	不安全建筑总数	53636	41.4

资料来源：MEXT（2007 年）。

就私人住宅而言，20 世纪 90 年代后几年，不符合抗震设计的建筑物的份额大幅度下降（山本，2005 年）。1998 年开始，这种趋势在政府的支持下已经显现，其原因是神户大地震引起了人们对地震风险的重视。但是，随着时间的流逝，人们的风险意识逐渐开始薄弱。2001—2005 年之间，政府为支持人口稠密地区木屋改造的拨款中，只有一半（总共 9170 亿日元，而 1996—2000 年之间这个数字是 1432 万亿日元）真正用在改造项目中。

据估计，2003 年起，25％居民住所没有按 1981 年建筑标准建造，或为了保障相同水平的安全标准进行改造。换言之，据估计日本 1150 万所私人住宅仍然没有进行抗震设计。

这使得政府再次强调建筑物改造的重要性。2002 年，政府对抗震加固的补贴范围扩展到了独栋房屋。2005 年，对《建筑物抗震加固促进法》的部分条款进行了修正，引入了系统的抗震改造计划，包括对业主的指导和/或建议、扩大政府下令改造的建筑物的范围以及在不遵约情况下公开通报的规定。通过对房屋检查和改造进行规范化，促进了相关企业业务的发展。

在 2006 年，《促进建筑物抗震检查和翻新的基本政策》确立了到 2015 年将符合地震安全建筑物标准的比例提高到 90％以上的目标（图 10.1）。这个目标适用于个人和大众使用的建筑物。在国家政策的基础上，各辖区制定预案以促进抗震加固工作，而且各自治市也根据国家政策和辖区规划制定了类似的预案。

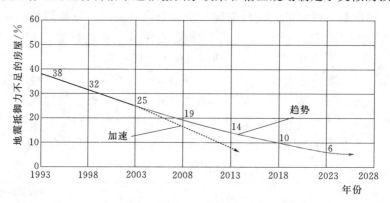

图 10.1　地震抵御力不足的房屋的百分比

资料来源：山本（2005）。

公共补贴可能不足以支持私人拥有的非住宅建筑物的抗震翻新。对于建筑物的抗震翻新，规定中央和地方政府补贴约 15％的必要资金。至于独立房屋，地震改造的平均成本被认为大概在 150 万日元左右。

至于学校、医院和其他公共建筑，翻新费用有时可能是建筑物整体价值的重要部分（Spence，2004 年；兰德公司，2002 年）。这甚至都没有考虑到工程期间作业中断和生产率损失所造成的费用，根据加利福尼亚州地震安全委员会的评估，这个费用可能高于翻新的直接费用（加利福尼亚州地震安全委员会，2001 年）。

1. 调查结果

日本现行的建筑抗震标准是 1981 通过的，而且在过去 20 年里，在阪神-淡路大地震这样的严重灾害中，证明了这个标准的有效性。必须强调，日本建设物的总体抗震水平是高于国际标准的（惠特克等，1998 年），而且日本政府目前的政策设定了非常高的目标。现在问题不是是否设定了充分的目标（因为目标是有的），而是如何在规定的时限内实现它们。

根据《促进建筑物抗震检查和翻新的基本政策》，各辖区认为应根据抗震改造的进展和新措施的实施来评述其抗震加固翻新预案。这种不断摸索的做法似乎能很好地解决一个具有挑战性的保护政策的长期问题。

不过，正如上文所述，现时的奖励计划似乎不足以实现政府所希望的改善规模。

中央灾害管理委员会已通过对建筑物进行抗震加固来作为抵御"东海地震"防备计划中最优先的措施。为此，Gouncirs 在东京集中处理大地震的措施的一般原则是相当具有指导性的，它指出政府应在木结构高度集中的地区提供改善房屋的指示，并在其指示没有得到充分遵守时公开通报。

中央政府带头，有关部委和机构密切合作，进行系统的推进能够有效实施改善抗震结构的措施，以及其他缓解大地震影响的措施，这些都是很重要的。因此，中央政府将制定量化的减灾目标和期限，并将为东京集中的大地震创造一个防备战略，制定量化目标、具体实施方法等，以实现减灾目标。地方政府将努力建立基于这一地震防备战略的地方目标（中央灾害管理委员会，2005 年，第 47 页）。

2006 年发布的《东京大都市地震的备灾战略》，设置了 10 年的政策目标，例如，在强风条件下（15m/s），预计东京湾区地震（M7.3）会造成 11000 例死亡人数。为此，该战略制定了关于地震安全建筑物（75%～90%），家具的固定（30%～60%），火灾弹性区的延伸（超过 40%）的份额等中间目标。这一基于结果的方法得到了委员会的支持，有效促进了防震对策的推广。然而，迄今为止，它似乎缺乏实现其目标的具体方法和工具。虽然所有地方政府都遵守了政策目标，但各自治市和辖区似乎不确定他们的整体责任。

2. 行动契机

制定工程防御方面的长期政策目标的同时，应更好地明确各级组织的作用和职责，还要进一步明确资源分配和手段选择的标准。一个明确的、易于执行的国家政策框架必然会提高政策的连贯性和效率，同时还应该注意保持地方政府和公共机构在执行方面的自主权。

在这方面，应该鼓励系统地利用成本效益分析，以便评价项目和确定优先次序。

经合组织关于学校地震安全指南提出了一个系统的、基于风险的和以结果为导向的方法，还推荐制定抗震安全、设计标准、可衡量的目标以及实施预案（经合组织，2005 年）。

应采取具体措施以鼓励提高建筑物抗震性能的行为，例如，要求在房地产交易过程中，必须系统地告知建筑物有关地震灾害防御等级方面的信息。

建议 6：建筑物抗震能力方面的政策应明确规定实施原则和各方的职责。

10.2　土地利用和城市预案

日本总共有 1.28 亿人口（2005 年人口普查），其中约半数居住在东京的 3 个主要都市区（图 10.2）。东京（东京都和埼玉的神奈川县和千叶县）、关西（大阪京都、兵库县和奈良专区）和中京（爱知县的岐阜和三重县）。日本每平方公里平均有 340 个居民，是世界上人口最稠密的国家之一，但地域差异很大。居住地主要集中在低地或沿海地区。内陆和北海道北岛的密度可能会低一些，而在东京的某些地区每平方公里的人口达到了 13000 人。

在过去的半个世纪中，大都市中心的城市化进程一直在持续——这是经合组织国家中的一个特例。日本人通常把东京看作是一个"单极集中"的事例：所有地区的主要政治和经济决策中心以及信息来源都位于首都。

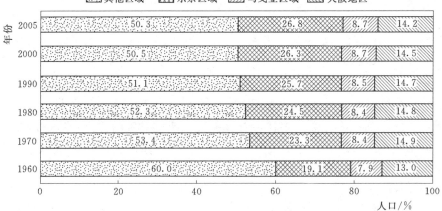

图 10.2　三个主要都市区的人口不同年份占比
资料来源：国际关系地方政府委员会，2004 年。

日本城市规划的主要法律文件是《国家综合发展计划（GND 计划）》和《国家土地利用规划》，前者提供不同区域优化发展目标的空间化的综合解释，后者是为促进各级政府能均衡地和有效地利用土地而制定的计划。国土部、基础设施部和运输部在与所有有关部委和地方各级政府进行研究的基础上制定了《GND 计划》和《国家土地利用规划》。对地震风险的处置涉及主要交通路线旁的建筑物翻新的优先权，突出对木制结构集中度高的地区的重建，并且在可能的情况下创建开放空间。

在国家层面，核电站和水坝地址的选择中对于地震风险方面有严格的限制，明确要求了需对选择地点的活动断层进行初步的研究。但是也可能会造成小地震或土壤液化的因素（如地表层等地质因素）并没有明确包括在土地利用条例中。

1. 调查结果

虽然几乎所有的国家领土都暴露在地震灾害中，但是在日本的主要城市中心的风险是最高的。为了提高公众认识以及提供可能的避震措施，在东京都市区识别出 18 种可能发生的不同类型的地震。鉴于其传统的循环周期，这 18 种地震里不包括"东海地震"，它被认为很可能发生在任何时刻，而且震级接近 8 级（见第 7 章：简介）。

在这些人员、资产和活动高度聚集的区域，存在发生大灾的可能性，这对风险管理提出了具体的挑战：需要安全有效地利用大量资源来应对灾害和灾后恢复，以及面对各种可能的连锁反应、对其他国家或地区造成的影响。根据GDMC 提示：

"如果这一区域发生了大地震，关键问题是要确保政府既能持续发挥其经济职能，又能保证其在应对灾害方面的职能的持续性。"

"如果在大都市东京地区发生大地震，会造成国家首都的核心职能的破坏，可能会增加生命和财产的巨大损害，并且会延长地震后的混乱时间。这种效应在其他地区就不会发生（中央灾害管理委员会，2005 年，第 7 页和第 8 页）。"

中央、县级和地方各级政府的确估计到人员、建筑物和资产的集中是对灾害响应（疏散、避难等）的极其艰巨的挑战。

尽管如此，土地利用和城市规划政策并没有对活动断层附近的土地利用进行限制或者要求降低那些高风险地区的社会经济集中度。实际情况是，几乎所有日本国土都暴露在地震风险中，断层难以辨认，特别是在沉积物密集地覆盖的区域。此外，适宜居住地区的高人口密度排除了可以将风险考察纳入土地利用政策的可能。国际经验显示，在这方面可能会采取更积极的做法（专栏10.1）。但必须明确，这些经验涉及断层附近的利用限制，以及在土地利用和城市规划中广泛地考虑地震危险因素，这对于所有国土暴露于地震中的国家是一种挑战。

2. 行动契机

人口的长期减少将促进城市化模式的逐步改变。但是，在未来的几十年里，在那些地震最易发生的地区，往日常规的灾害防御措施可能无法给减少风险暴露度方面带来实质性的变化。

专栏 10.1　关于地震危险性的土地利用限制的国际实例

美国加利福尼亚州发生了许多地震，该州在 1972 年建立了《Alquisito - Priolo 特别研究区法案》，这部法案也可以称为"断层法"。该州根据此法案定义了活动断层的地层，并制作出了一张可以显示地震断裂带周围一个 1000in 宽的活动断层区的官方地图。当提交建筑确认申请时，各市县都要确保没有活动断层，并准许开发土地和修建建筑物。如果通过地质后研究发现有活动断层地层，那么则必须在活动断层 50in 之外建造建筑物。

在新西兰，一些城市和城镇有限制活动断层地层之上的土地发展的法案。必须在远离惠灵顿断层超过 20m 之外的地方建造建筑物，该断层位于北岛以南。

在一定程度上对现行的土地利用和城市规划政策来说，改变地震多发区的人口和经济活动过于集中的长期目标应根据地域范围而扩大，并辅以更强有力的政策文件。

需要做进一步的工作，使各级政府和其他利益相关方更加了解土地利用和城市发展方面的地震风险。土地利用和城市规划政策的法律文件也很有必要加强。

在短期内，联合所有有关的利益相关者（一般民众、民间社会组织、私营部门的代表、关键的基础设施的运营商、学术界、政府机构等），就老龄化问题、土地利用和自然灾害问题进行全国性的讨论，这种行为是可取的。

考虑到断层可能造成地震，在进行断层以及相关土地利用限制措施的研究中，在短期内至少应对公共建筑（学校、医院等）和关键基础设施进行限制。

建议 7：在未来几十年人口快速减少的背景下，土地利用和城市规划需要更多地考虑地震风险因素，力求逐渐减少地震风险区域的人口密度。在短期内，应谨慎使用地表断层附近区域的土地。

备注

[1]　资料来源：日本政府，五年期紧急地震对策计划的预算。

第11章 应急准备和响应

11.1 掌握地震的次生影响

大规模的自然灾害（例如许多大地震）除了造成破坏性的直接影响通常还伴随对救生索的破坏以及次生的事故。

被一场地震触发的可能危险中，最常见的是火灾。在神户，地震发生后的几个小时内共发生了175起火灾，并毁坏了约82hm² 的城市土地。为解决这一风险，城市燃气网络正在配备自动感应器，这种感应器可以在检测到地震的震颤时关闭燃气流。在某些情况下，人们也被建议在疏散他们的家园之前激活电路断路器。

由自然灾害造成的另一个事故来源是石油产品、化学品或放射性物质等危险物质的释放。2004年12月印度洋海啸造成印度尼西亚的班达亚齐的一个石油设施发生8000m³ 石油的泄漏（环境规划署，2005年）。在2005年，丽塔和卡特里娜飓风造成超过30000m³ 的石油从墨西哥湾的生产设施泄漏出去。

最近的一个例子是日本的新潟–肯（Niigata – ken Ghuetsu – oki Ghuetsu – oki）地震，这次地震在2007年7月16日影响了东京电力公司的核电站。这次地震的最大地震加速度超过了设施中设计值。造成的影响包括3号机组变压器的起火，以及含有少量放射性物质的溢水。由核安全委员会和国际原子能机构牵头进行的初步调查表明：因为运行机组的自动关机发挥了作用，对外界环境的影响可以忽略不计，而且事故已得到妥善处理。然而，一个重要且不能忽视的事实是：经营者向中央和地方政府发出的通知有很长时间的延误，而且与公众进行的沟通也远远不够。

在日本，运输、能源、水气供应、通信和金融等领域的基础设施主要由私营公司经营，它们负责保障供应的充足及其安全。来自经合组织各国的大量证据表明，防灾减灾主要依赖于基础设施的运营商和政府之间的互相信任和密切合作，例如，通过完善的信息共享程序，以及针对安全而存在的充分奖励。

1. 调查结果

一般来说，日本的私营企业十分重视在地震风险的高水平的安全性和连续性方面的行动。许多私营公司，特别是那些公用事业的提供商（如东京电力公司），已经使它们的生产地址多样化，并且创建了远程备用地址。在东京发生重大地震的情况下，通信系统预计会继续运转，而且电力供应预计将在不到 3 天时间内完全恢复。

大都市地区，关键的基础设施经营者与地方政府之间的合作是有效的，例如在突发事件和商业规划或应急响应方面，虽然这些合作往往是非正式的。

然而，私营公司与中央政府之间历来很少有关于防震风险预防和缓解方面的具体信息的交流。私营公司往往不愿意向公共代理机构透露潜在的敏感信息，而且往往不确定如何使用这些信息，以及如何更好地保护它们。譬如，东京的几家私立医院过去不愿分享东京市政府进行风险评估所用的信息（1998 年）。当向公共政府提供一些数据时，这些数据往往被认为是不准确的。

阪神-淡路大地震的经验和最近的新潟事故，同样表明在中央和地方水平上的主要的基础设施运营商和政府实体之间的合作并不总是充分的[1]。

在这方面，由于基础设施运营商和政府就基础设施的恢复时间进行了对话，所以情况可能会有所改善。虽然核心且关键的基础设施的地点通常不会由经营者传达，但是假如东京大都市发生地震，中央灾害管理委员会已经能够建立一幅广阔的预期情况图并且能够发布（2005 年）能源、水和煤气供应以及通信恢复的预计时间。

另外，可以加强立法，以保证基础设施或危险行业经营者不论在正常时期还是在非常时期，系统地制定地震风险安全保障措施并建立向政府机关报告的制度。《大规模地震对策特别法》修订了《高压气体控制法》《消防法》和《石油工业综合设施和其他石油设施的防灾法》等具体的部门法律。对于位于有大地震危险地区的工业设施，《特别法》要求采取其他措施来确保地震安全。但是与其他国家的等效法规相比，它规定的运营商的义务是相当有限的（克鲁兹和冈田，2007 年）。

例如，在加利福尼亚州，危险工业需要服从加州意外释放预防（CalARP）计划，该计划自从 1998 年开始就要求操作员进行地震评估研究。目的是获得这样一个"合理保证"：地震不会造成管制物品的泄露。此外，评估研究必须以一份分析设施基础土壤条件的土工报告为基础（CalARP 计划抗震指导委员会，2004 年）。各种地震指南在制定此类研究及抗震设计和化学品设施的安全措施方面提供了具体的建议。

尽管日本政府的责任包括地震相关的整体社会风险管理，以及对公共基础服务和危险行业的私营企业进行指导，但是日本政府并没有确切地了解如危险产品储罐、油气管道、电网等基础设施的状态。由于缺乏关于化学品泄漏、工业事故或电力中断等次生风险的确切信息，所以政府无法控制间接成本的发展，而这种间接成本在发生重大地震时很可能会是巨大的。

2. 行动契机

中央灾害管理委员会（CDMC）已经强调了需要对东京地区由地震引起的工业危害风险采取更严格的措施：

国家和地方政府以及相关企业，将根据《石油工业综合设施和其他石油设施的防灾法》改进措施。它们还将加强评估石油综合设施的灾害如何影响邻近地区，并且通过改造沿海老工业设施、发展紧急地震公告和其他技术，来提升重大灾害的预备工作。

为防止沿海石油综合设施灾害蔓延至邻近地区，国家和地方政府以及相关企业，将制定综合预防措施以防止油罐泄漏引起大型火灾（中央灾害管理委员会，2005 年，第 26 页和第 28 页）。

将这些建议系统地运用于所有重要基础设施部门和危险工业部门是有益的。

应根据每个部门具体的管理和经济条件，制定数据收集和信息共享的常规流程。

应采用法律措施，强制实施某些必要措施（比如在 CalARP 中），建立适当的信息保密措施。

和经合组织的其他成员国一样，重要行业风险管理程序的控制应当成为管理和监督部门目前实施措施的一部分。

建议 8：政府监管部门需要在职责范围内更深入地了解地震风险管理相关的知识，并明确对重要基础设施部门以及危险工业方面的监督职责。

11.2　公共机构和私营企业的连续作业预案

连续作业预案已成为各部门进行风险管理的一个重要工具。在全球网络化的环境下，企业避免对其商业活动造成严重破坏很重要。在经合组织成员国中，业务中断已成为自然灾害对私营企业尤其是小公司造成的一项重要的经济损失。例如，据报告神户的 2000 家中小企业中有 80％ 在阪神 - 淡路大地震（RMS，2005）的余波中破产了。从私营企业开始，连续作业预案的做法现在逐渐扩大到了一些经合组织成员国的公共部门中。

连续作业预案的好处不仅仅局限于那些采纳它们的组织，也影响到社会从灾害冲击中恢复的能力。连续性规划提高了风险意识的水平，并确保正常的防灾和备灾措施得到真正的实施。从而提高了工作中甚至一定程度上的工作环境之外的人员安全，减少了地震灾害的经济和社会影响。这些"外部"好处证明政府在私人和公共部门中推动连续性规划是正确的，尤其是一方面将重点放在基础设施部门，另一方面将重点放在中小型企业。

在连续作业预案采用时间最长的国家，政府通常采取渐进的做法：与私营部门结成伙伴关系来制定准则；逐步完善准则，并加强准则的约束力；建立一项国家标准；通过包括公共采购政策在内的多种途径来实施国家标准（专栏11.1）。

专栏 11.1　连续作业管理的国家标准

澳大利亚 HB221 是一项专门针对连续作业管理的第一个国家标准。HB221 于 1994 年通过了澳大利亚国家标准。

美国国家灾害标准/应急管理和连续作业预案（ANSI/NFPA1600）于 1995 年由国家防火保护协会（NFPA）制定，并于 2000 年批准为国家标准。标准定义了一套适用于公共和私营部门的、共同的备灾、灾害管理、应急管理和连续作业预案的标准。该标准尤其在 9/11 委员会 2004 年的递交国会和总统的报告中得到认可。

英国标准 BS25999 于 2006 年首次作为包括指导和建议的实施准则发布（BS25999　第 1 部分）。它确定了连续作业管理的过程、原理和术语。2007 年推出的第二部分标准规定了认证的过程，以及根据企业规模和条件对业务连续能力进行调整的过程。

资料来源：澳大利亚标准局，美国国家标准协会，英国标准协会。

在日本，中央灾害管理委员会技术委员会在 2005 年通过的一个为私营企业制定的连续作业准则。委员会的指导方针明确建议将大地震作为参考方案。委员会的目标是建立一套良好的实践方法，然后向所有私营企业普及。

经济产业省的网站也提供了关于连续作业预案的指导。

2007 年内阁办公室为各部发布了《连续作业指南》，并且中央政府每个部门正在准备其第一版连续作业预案，所有规划将在 2008 年年中发行。

1. 调查结果

日本的一些大型企业已经制定了连续作业预案。但在中小型企业中，并没有系统地引进这种做法，而且几乎不存在这种做法。

那些采用了连续作业预案的公司，无论大小都有获益。这些公司报告说，它已大大地提高了他们的准备水平，并认为政府应在促进连续性规划方面发挥更积极的作用。

CDMC 就这一问题和集中于东京的主要地震的处理措施的一般性原则提出了一些建议，包括：为了广泛了解业务中的 BCP 准则，与私营部门合作以便制定一个公开发布备灾报告和参与备灾设施的证明的系统（中央灾害管理委员会，2005 年，第 34 页）。迄今为止，虽然 BCP 准则已经有一定程度的影响，但其他提案的进展似乎很有限。

对政府部门，下放发展和执行连续性规划的责任能使各部根据其确切的需要和限制来调整其计划。然而，公共服务部门之间的相互依存关系迫切需要政府来协调其连续性规划，但目前的灾害风险管理组织似乎在这方面有缺失。除了监督每个部委的第一版计划之外，内阁办公室在协调连续性计划方面没有起到明确的作用。

最后，应急准备与防灾和连续作业预案之间有重要的协同作用，在整个的组织内部和社会内部都是如此。目前，这些活动之间的相互作用似乎在地方和国家两级都受到限制。

2. 行动契机

根据经合组织其他国家的经验，一般来说，政府和公共部门在其制定政策时应包括连续作业规划的要求。

上述要求需要适应日本地震风险特性的国家标准的认证程序的支持。

同时日本在自然灾害管理方面的经验具有重要的价值，应大力推动自然灾害过程中连续作业管理的国际标准的制定。

应加强内阁办公室推进政府内部连续作业规划方面的职责，在内部审计和评价过程中，应将连续作业规划视为灾害管理的必要因素。

在建立应急准备、灾害预防的联系以及积极促进连续作业规划时，应更好地利用消防和救援部门。例如，市政消防部门，可以在其传统消防责任的基础上，扩大在应急准备和连续性规划方面的责任。

建议 9：有必要进一步促进私营企业和公共机构，特别是中小型企业（SME）的连续作业预案的实施。

11.3 从频发事件到大规模灾害的危机管理

最近，对灾害响应管理的失误导致了经合组织几个国家的激烈政治争论，这表明即使在业务责任分散的情况下，总的灾害风险管理系统的中央领导层往往在危机中承担责任。

在神户，由于中央和地方政府处理了阪神-淡路大地震后的紧急事件，所以它们都受到广泛批评。许多观察家评价，政府在实现灾害的程度上过于迟缓，而且政府机构之间的合作是不够的。但是，应该提到的是，条件极其困难。应急救援人员往往自己受到地震的影响，交通和通信基础设施的崩溃使响应管理和协调大为受阻。此外，神户市较旧地区，狭窄的街道上堆积的倒塌建筑物的瓦砾和残骸以及盛行的大火使得救援人员无法在几天内到达一些受损最严重的地方。

在评估地方一级的影响时遇到的困难推迟了中央政府的响应。国家一级的政府因拒绝国际提供的援助，特别是拒绝接受专业搜寻和救援队而受到批评。军队也在一个相对较晚的阶段才得到部署。与此同时，当地资源在进行搜救行动、检查倒塌建筑以及为超过 30 万聚集在拥挤不堪的庇护所中的无家可归者提供基本生活需求方面捉襟见肘。

灾害过后，紧急管理的许多方面都得到了改革。特别是修订了《灾害应对基本法》，以加强紧急指挥部的权威，并且系统地建立外地指挥部。

在紧急情况下，在国务部长的职权下进行灾害管理，内阁办公室负责全面协调减灾活动，同时内阁秘书处负责为内阁高级官员收集信息。在严重的情况下（在东京都地区的地震强度为 5 级以上，其他地区为 6 级以上），这两个组织合并，组建了一个由内阁秘书处的紧急管理主任领导的机构。

在这两种情况下，中央政府的各部委或政府在其职权范围内继续发挥中央、区域和地方各级的作用。然而，根据《减灾法案》（第 28 条），当紧急灾害管理指挥部成立时，首相作为指挥部负责人，对各县长行使权力。

1. 调查结果

日本拥有最先进的地震风险预警系统，系统技术先进且覆盖广泛。日本气象厅监测地震活动，并实时提供海啸和地震的信息。检测到第一次地震波后，日本气象厅将在几秒内传播有关震颤的地震预警，以宣布地震震源、震级、预期规模和震颤影响时间。它还在 2min 内发出海啸警报，并预报海啸高度和影响时间。这一信息触发了中央政府和地方政府的应急响应。各县还在市政总署安装了震级表，并通过信息网络向日本气象厅提供数据。

从这些震级表中得到的数据以及来自土地、基础设施和运输部关于基础设施状况以及来自其他来源的资料汇集到救灾总部。不同的部级部门和中央机构、专区、直辖市（或行政区）设有这种专门的指挥和控制中心，适合其管辖区和特派团，他们可以从中管理其响应活动。

缺点是，由于灾害响应总部各自针对一个部门或一个级别，所以它们的目的不是作为国家一级危机管理的整体系统而运作。根据《灾害应对基本法》，在灾害情况下建立国家应急中心，每个部级/地方总部都应遵守国家中心的指挥。在每个应急管理组织的自主设计/运作和该法令授权的中央指挥和控制系统之间似乎仍然存在差距。

特别是将信息纳入一个连贯的危机管理系统，在该系统内风险分析和制图以及所有其他相关数据将用于实时监测情况，该系统尚未在国家一级得到充分实现。目前的系统提供了信息来源，但在很大程度上只适应不同部门的需要，并且不能构成用于指挥和控制的共同的信息和决策支持系统。

因此，政府中心行使国家指挥和协调响应的正式权限可能因缺乏有效工具而受阻。

此外，地方一级的决策者似乎并不总能充分意识到政府中心在发生重大灾害时行使指挥的作用。

根据事件的重要性，改变政府中心的灾害管理组织可能是复杂性的根源。诚然，内阁办公室和首相秘书处都可以发挥作用，前者是日本灾害风险管理系统的专门知识和监督中心，后者是国家突发事件管理的决策中心。然而，经合组织国家和风险部门的经验表明，应尽可能避免改变管理危机的组织结构。

2. 行动契机

指挥链应该更清楚地显示在危机管理系统中的所有参与者。

在不同政府层级中，组织的作用和职责划分必须考虑到中央和地方政府的相互依赖性，一方面要考虑到国家整体策略的需求，另一方面在应急过程中又要兼顾行动的效率性。

当任务在一个指挥体系内下达时，必须伴随着明确的目标和任务、以及报告和评估要求。

如果根据事件规模的升级导致危机管理职责的现有变化是不可避免的，那么应该寻求结构尽量简化的组织设计方式，还应强调需进行必要的演练和培训以备变化发生时的不时之需。

建议 10：中央政府需要加强应对重大灾害时全国协调的能力和手段。

备注

[1] 虽然对新潟事故的全盘管理被原子能机构的调查任务视为有效，但工厂经营者与政府之间的通信和报告延误被视为一个令人关切的问题（原子能机构，2007 年）。

第12章 灾后问题

12.1 灾后恢复与重建

大地震后的灾后恢复和重建的工作量巨大且复杂：需要尽快恢复公共服务设施；必须为住在临时避难所的上千人解决长期的住房问题；必须拆除、更换危险的建筑物和基础设施；灾害对身心健康、社会关系和地方经济造成的长期影响也需要加以解决。

准确评估灾后恢复和重建工作的需求并有效地分配资源，本身就是一个相当大的挑战。在这些方面，神户灾害的灾后恢复工作提供了宝贵的经验。

阪神-淡路大地震使日本政府面临大量的重建工作。第二次世界大战以来，经和组织成员国很少面临这么巨大的挑战。在日本，市政府负责恢复和重建工作的主要财政支出，而县政府、中央政府则按事件规模的比例分配权责。《建筑标准法》对灾区的重建工作规定了限制条款，特别是留出了足够的时间进行规划和协调（第 84 条）。

1995 年 3 月，在重建工作开启时，神户市和兵库县制定了补充预案，共同目标不仅是重建地震所摧毁的地区，还借鉴城市规划和土地利用的经验，恢复城市建设，促进经济的增长，共确定了 16 个优先恢复区，开发项目包括建造露天场所、公园和新街道，扩大道路，建设新的公共设施等。在这些地区，限制重建期又延长了两年，以便进行各种协商和谈判。在一些项目中，为了运作大规模的重建项目，可能会动用公共基金购买一个地区的所有地产。

4 月，神户市和兵库县共同组建了阪神-淡路大地震灾后重建基金，为灾民提供支持并资助恢复项目。该基金仍然活跃，共筹集了 900 亿日元，为 10 多万个企业和家庭提供了无息贷款。

规划、融资和决策工具不足以应对如此巨大灾害的后果。地震 3 个月后，政府通过了 15 项法律，以确定政策框架，建立组织机构，为灾后恢复工作进行资金转移手续。

城市建设过程中仍然有一些问题。无家可归的居民被安置在 49000 多个临时住房里，这些灾民有时甚至在这些临时安置房中一住就是好多年。中央政府资金主要用于重建和修复基础设施和公共设施。当地政府对家庭和企业的支持侧重于完全摧毁的财产上，那些遭受较小损失的居民方面则没被考虑。部分结果是，维修和恢复费用相当大的一部分最终由当地居民承担。为了支持私人重建，政府最终决定提供租金补贴，让房主增加房屋的地表面积。这些措施的延迟效应以及广泛的公共建设方案导致了建设数量的激增，城市的房地产市场从短缺转向了大地震后的大量盈余。商业房地产市场也出现类似的不平衡。

虽然中央政府在1995—1997年期间为恢复工作共拨款5万亿日元，但重建对当地的公共财政有重大影响。神户市主要依靠发行债券来资助其重建项目，以致造成债务繁重，使其财务状况长期蒙上阴影。在一些地区，当地的经济并没有完全摆脱灾害，特别是神户港失去了对日本和其他亚洲竞争对手的一部分活动。城市人口和经济的下降进一步削弱了当地的税收。

一些城市街区整改很大，部分居民对项目中的咨询过程以及参与过程有所指责。设立了一些特设机构，与民间社会和其他利益相关方的成员进行磋商，如神户市复兴促进委员会负责灾害恢复问题，神户市复兴与振兴促进会负责讨论重建的长期结构性议程，或住房恢复委员会处理与临时住房向永久性住房过渡有关的健康和福利问题。但有些人预计他们的行为会很迟缓，而且影响力也很有限（兵库县复兴研究中心，2005年）。

1. 调查结果

大规模的地震的灾后恢复，尤其是对大都市，规划、协调、融资和决策都是重大的挑战。但神户的例子表明，灾后恢复不仅可以减少城市结构脆弱性，还能更广泛地是提高其可持续性、经济吸引力以及宜居性。

中央灾害管理委员会最近指出了灾后恢复阶段应采取的战略合作方式：

国家和地方政府将通过制定恢复原则和目标，形成东京应该有的形象。国家和地方政府将考虑在大地震之后促进有关各方之间达成协议的方式，以及实现东京计划形象的其他措施。在大地震前，还将考虑采取以恢复原则为指导的城市发展规划的措施（中央灾害管理委员会，2005年，第46页，重点增加）。

可以说，这样的战略原则和目标应该是提前确定的。自然而然，不能事先规划详细的恢复措施，因为它们很大程度上取决于现状。然而，事先制定恢复措施的总体框架可以有重要的优势。经验表明，在大灾害之后，重建工作非常紧迫，通常情况下，没有时间在这样的长期问题上达成社会共识。

一场灾难造成了相当大的财政需求，有时是利益冲突，因此，事先调查公共资金的使用在哪里最有成效，并据此确定公共恢复和重建支出的优先次序，就显得更加有用。

近年来，这方面采取了部分措施。特别是东京都政府在2001年通过了"地震后恢复大设计"的恢复计划，其中包括在发生重大地震后指导重建工作的一套战略目标和原则。但到目前为止，政府没有任何具体的灾后重建规划工具。

过去的灾害也揭示了资助恢复和重建措施方面的一些具体挑战。目的是在紧急情况结束后立即评估和应对需求，此后不断适应现场情况，例如提供财政支持和住房解决方案这些条件使正常情况下制定的管理手段和融资程序不足。

虽然恢复成本的一个重要部分将归咎于市、县，但显然地，包括东京都政府在内的地方政府都无法应付大地震造成的经济负担。

2. 行动契机

在高风险地区的所有参与者（公民、非政府组织、私营公司和地方政府）之间，就重建的效果达成共识。当灾难影响超出了本地范围，应该让外部单位（如地区或中央政府、邻近地区等）都参与进来。

对主要重建目标的广泛共识，应该是大地震后的重建工作的基础，从而避免不必要的冲突和重复建设，节约时间和资源。显然，这种总体目标体系必须根据地震后的具体需求和可用资源来进行调整。

即使在非灾难时期，当地土地利用和城市规划政策也应该有一个长期目标。

政府还应努力推进重建的进度，监管资金的可持续性。应有效地利用《灾害援助法》和《减灾法》援助资金上需要帮助的人。

建议 11：政府应鼓励各市、县政府征求当地参与者的意见，就灾后恢复目标达成共识，并加强他们分析处理地震后需求的手段。

12.2　保险：大风险的分担

除了自然灾害对保险行业带来的传统挑战外，重大地震等灾害性风险也造成了明显的容量问题。虽然与火灾或交通事故相比，地震发生的可能性很小，但一次大地震可能会导致巨额索赔。

如前所述，20 世纪 90 年代灾害损失迅速上涨，而且有理由相信这一趋势将会持续下去。公共部门并不是独自面对这一趋势的财政后果。北岭地震造成的损失，其中 2/3 由保险公司承担（Petak，William J.，2000 年，第 10 页）。在一次事件中，加州保险公司失去了过去 25 年所收集的地震总保费的 3 倍（同上）。近年来，保险/再保险行业面临财务困难，特别是在 2001 年纽约恐怖主义袭击事件之后，人们对这种"大风险"的可保性提出了质疑。在这方面，东京发生的大地震就是一次极端事件。

家庭地震保险制度包括住宅和家庭用品。它有几个特点：

（1）地震保险与同一财产的火险保险合同订立，不能单独签约。

（2）涵盖与地震相关的各种灾害，包括火山爆发、海啸以及地震后发生的重大火灾。

（3）地震保险金额有限，投保人选择火灾保险范围的 30%～50% 以内，建筑物上限为 50m/日元，家庭用品为 10m/日元。

（4）保险金额＝损失×指定费率，损失按损伤评估分类：分为总损失、半损失或部分损失。

（5）根据结构类型（木制或其他）、位置、建筑物的抗震能力和施工年份确定保费折扣。

（6）地震保险制度由日本地震再保险公司和日本政府再保险运行。

（7）特定活动的保险赔偿限额为 5.5 万亿日元。如果灾害发生后的保险责任超过这一数额，则所有索赔人的赔偿按比例减少。

企业的地震保险不受政府支持的再保险的限制。每家公司都可以与保险公司签订地震保险，但承保条件严格。

1. 调查结果

日本当前的地震保险制度是在新西兰地震两年后，于 1966 年建立的，而且制定了《地震保险法》。该制度建立在政府支持的再保险基础上，自成立以来经历了几个阶段的改进和完善，其中包括扩大覆盖率和修订保费率。基于 HERR 发布的最新地震运动预测图，2007 年修订了保费率经修订后，该国的保费率平均下降了 7.7%。另外还建立了地震保险费扣除制度。

同年，政府将地震保险费扣除制度，作为推动地震保险和改善损失的途径。最后，2008 年 4 月，地震保险制度的总支付限额降至 5.5 万亿日元。

新潟、福冈、石川等地发生了几次重大地震，保险购买量稳步增长。截至 2007 年 12 月，家庭地震保险合同数量超过 1100 万。

尽管有这些改善，日本的保险渗透率相对于地震危险性的程度还是较低。2005 年，家庭保险市场渗透率为 20%，商业保险仅为几个百分点。

保险金额不足表示家庭和企业无法保护收入免受灾害造成的巨大波动。最近根据"家庭收入和支出调查"进行的研究发现，神户地区与全国其他地区之间没有深刻认识阪神-淡路大地震带来的经济冲击（Kohara 等，2006）。这表明了不仅地震保险无法弥补灾害的成本，而且中央财政的财政援助也不足以弥补灾害的成本。

一些企业已经开发了经典保险的替代方法，如自我和互保，作为抵御地震风险的一种方式。最近，创新的金融解决方案已经开始出现。

2004 年，"东海地震"发生时，4 家金融机构安排了有债务设施（CDF）和集团贷款为 Tomoegawa Paper 公司融资。这项安排提供了 Tomoegawa Paper 需要从地震中恢复的一部分资金。它强烈依赖公司防止和减轻损害的措施，特别是通过连续作业预案。

基于这一经验，3 家金融机构共同推出了 2006 年的信贷额度，用于灾害性地震。超过一定程度的地震后，企业将能够在线寻求资金来满足他们的复苏需求。根据具体情况选择符合条件的公司，以及其预防和连续作业措施。

2. 行动契机和建议

保险产品承保的风险类型应该更加详细。保险产品的设计应该更好地反映地方各县以及大都市地区的风险水平。为此，有必要使用风险图和地震运动预测图，进一步改进风险评估的方法。

应进一步提高公众的地震风险意识。应制定相关政策，对每一栋建筑进行风险评估，并用更易于理解的方式对评估结果加以宣传。

对采取合理风险防范措施的投保人，应采用差别化的保险费，从而鼓励投保人采取风险防范措施。在某些情况下，这种差别化的保险费，可能会导致居民个人没有能力支付地震保险，因此还须同时考虑针对这些高风险人群的具体措施。

增加个人保险的承保范围，提高风险防范激励手段，同时还应该考虑扩大政府支持的再保险。

对于受地震风险影响的商业，应鼓励诸如 CAT 债券和或有债务等新金融手段，代替传统保险产品。

建议 12：通过制定差别化的保险费、提高公众风险意识的途径，提高地震风险保险的市场渗透率。

备注

[1]　根据一项评估，地震后 5 年的 70% 的恢复费用由家庭和私人公司承担（第十届修复委员会，2005 年）。另见下一节关于保险和风险分担机制。

附　录　Ⅱ

附录Ⅱ.1　方法论

1. 评述过程

作为经合组织（OECD）风险管理政策未来项目第一阶段的结论，该组织秘书处 2006 年 1 月向日本政府发布了大型地震减缓政策研究（OECD，2006）。本研究分析了日本地震灾害管理的架构和过去大规模灾害事件的经验教训，并介绍了未来几年日本面临的主要政策挑战。日本政府随后决定授权经合组织秘书处根据日本机构对地震灾害管理程序进行自我评估，在项目第二阶段进一步调查地震灾害管理问题。为公共管理部门进行自我评估，制定了两份与地震风险相关的灾害管理政策的问卷（见附录Ⅱ.2）。以第一阶段的初步研究为基础，通过调查问卷收集的信息为深入评述日本大规模地震风险的政策提供依据。

为了向受访者（利益相关者的代表）介绍自我评估问卷调查表，2007 年 2 月 22 日在东京组织了"启动会议"。内阁办公室、日本国际开发中心和 OECD 或 IFP 秘书处等相关机构展示了背景，并回答了与会者所提的问题。

访谈任务于 2007 年 5 月 21—25 日在东京都大都会举行，参加访谈的部门包括中央政府机关、地方政府、市政府、公共机构和研究机构、私营公司等，还包括一些实地考察和视察。因此，此次评述的观察的地域主要是大东京地区。然而，使用补充资料来源，例如项目第一阶段的研究报告，发送给选定的实施单位的调查问卷答复，公众评估报告，学术研究和法律文本的调查表，评述小组将其调查结果和建议尽可能地推广到全国。

该小组于 2007 年 7 月向日本政府提交了调查结果和建议的临时报告，并请他们发表意见。2007 年 11 月，该小组交付了最终报告的初稿。

2. 方法论综述和风险管理政策评估

风险管理是一个复杂的过程，涉及许多不同的阶段，从威胁评估和制定保护策略，到了解灾后债务问题和灾后调查。不完整的风险管理过程可能会忽视上述活动之间的重要联系，从而破坏政策的整体有效性。例如，当风险评估不与确定可负担的避税手段密切相关时，或者风险预防措施的设计很少关注保险单所提供的实际激励措施时。

为了提供一个全面的方法，经济合作与发展组织的项目已经开发出一种方法（OECD，2003），该方法认为风险管理是一个多层次的系统，其中每一层执行某一特定功能方面的风险，并给到其他层面以下输入：

（1）风险或脆弱性评估。

（2）基于风险评估和可接受性的政策决策，以及处理或转移风险的可行选择。

（3）框架条件。即法律、规范以及在风险方面规定义务和激励措施的所有法规和公共行为。

（4）保护，即设施、建筑和程序，以保护暴露的人口和系统：水坝、防护罩、收容所、流离失所的受威胁人群、检疫等。

（5）信息，即提高信息共享意识。

（6）提醒和抢救，以减轻灾害的直接影响。

（7）增强恢复能力，以减轻灾害的长期影响。

（8）经验反馈和组织变革。

在阐述自我评估问卷时，每层都考虑到所有相关行为者、机构和规则。该层的绩效是在三个主要标题下的一套标准进行评估的：组织的一致性、实现目标的有效性以及对外部信息来源的开放性。为了评估整个系统的绩效，层层之间的联系也通过诸如过去危机的管理等问题进行调查；经验反馈的质量和触发组织变革的能力；检测变化和适应新条件的能力；不确定性的管理和预防措施的一致性；以及风险管理策略的存在和针对性。

这种方法适用于日本大型地震政策评述，并且很大程度上体现在本报告的结构中。但是，已经做了一些修改。

第8章讨论了政策决策和框架条件。

第9章讲述风险评估，研发，提高意识和经验反馈问题。

第10章的主题是预防和保护。

第11章中讨论信息共享、警戒和救援。

第12章包括增强恢复能力和保险项目。

附录Ⅱ.2　自我评估调查问卷

为了对日本政府的地震灾害管理程序进行自我评估，制定了以下两份调查问卷，并发送给相关主管部门：

（1）关于国家级地震备灾政策制度组织的一般调查问卷，重点是确定作用和责任的法律框架的明确性和一致性，以及与其他行政和私人行为者进行协调。

（2）向各省市提供调查问卷，特别着重于制定和维护可行的地震防备政策的现有资源和能力。

在这些调查表中，风险管理的含义是广义的，包括风险和脆弱性评估、风险预防和损害减缓、预警、准备、应急管理、连续作业管理、保险和重建。因此，有关这些领域的任何政策措施都应被视为是相关的。

A 一般问卷

A.1 风险评估

主要参与部门：内阁办公室、中央灾害管理委员会、受影响的部门。

A.1.a 地震风险和脆弱性评估中的作用和责任

（1）请描述贵组织在评估以下几点的作用和责任：

1）地震风险。

2）物理结构对地震的脆弱性。

3）人口群体对地震的脆弱性。

4）地震的次生影响及其随后的风险和脆弱性。

5）将确定的风险和脆弱性的结果集中在中央成本和损害评估中。

6）其他。

（2）请描述贵组织结构形式以及为实现作用而投入的资源。为了支持您的回复，请提供组织图表、统计数据、活动报告和其他被任何有用的信息。

（3）在评估地震风险和脆弱性方面有哪些参与者与贵组织合作评估呢？国家层面的？县级层面？市级层面？有哪些私人和非政府参与者？请描述协调和沟通渠道。

（4）现行立法是否有义务监测上述各点（地震风险等）？

A.1.b 请描述目前的现有计划

（1）风险评估方法。

1）识别、监测和评估地震风险。

2）检测工程措施的脆弱性。

3）侦查和监测新、旧弱势群体。

4）确定地震的次生影响，包括业务中断成本。

5）整合不同类型的风险和脆弱性数据。

（2）如何收集上述类别的数据？（从哪里，多久等）

（3）收集数据（保密问题，私人信息等）是否有障碍？如果是，请详细说明你的答案。

（4）请描述关于地震和风险和脆弱性评估工具的正在进行或计划中的研究计划。

（5）请描述用于评估地震风险和脆弱性的任何其他方法或工具。

A. 1. c 自我评估

（1）如何评估日本人遭受地震的情况。

（2）阪神–淡路大地震后采取的不同措施。

（3）近 10 年的社会发展（人口老龄化，人口收入变化等）。

（4）近 10 年的技术发展（基础设施的相互依赖性增加，社会对电信的依赖）。

您认为在哪个地区需要更多关于地震风险和结构和人口群体脆弱性的信息？

A. 2 战略决策原则

主要参与部门：内阁办公室、中央灾害管理委员会受影响的部委。

A. 2. a 决策中的作用和责任

（1）请描述设计和实施减少地震风险和减少地震脆弱性的国家战略的作用和职责？〔物理结构和人口群体（老年人等）〕

（2）实体之间的协调和沟通渠道是什么？

A. 2. b 决策过程

（1）如何确定优先事项和在国家层面确定的目标？

（2）与这些目标相关的计划和实施计划是什么？

（3）专门用于降低地震风险和脆弱性的整体公共资源是什么？这些资源在总体降低自然灾害风险和脆弱性方面的总体支出份额是多少？

（4）在决策过程中咨询了哪些利益相关者，以及如何？

（5）在任何阶段，考虑替代解决方案的成本、效益和风险？

（6）如何分配用于支持地震风险和脆弱性评估的措施财政资源？请区分各级政府（国家、省、直辖市）和资金来源（国家或地方税收、有价证券等）。

A. 3 保护

主要参与部门：国土交通省，受影响的部委，尤其是文部科学省、厚生劳动者。

A. 3. a 建筑规范政策

（1）请说明在日本制定和实施建筑规范政策的作用和责任。

（2）请描述贵组织结构组成方式以及为实现这一角色而投入的资源。为了支持您的回复，请提供组织图表、统计数据、活动报告和其他任何有用的信息。

（3）请描述日本建筑规范的最新进展。哪些是变革的基本目标，变革的预期效果是什么？

（4）建筑物和物质基础设施建筑规范的制定与日本以前地震的地震风险评估和经验教训相关联？请说明沟通和协调渠道。

（5）制定建筑规范的平均延误在将其转化为实际政策之前是什么？

（6）日本每年的建筑更新率是多少？

（7）在日本执行建筑规范的机制是什么？公共和私人建筑物的处理是否有区别？

A.3.b 土地利用政策

（1）请介绍设计和实施日本土地利用政策的作用和责任。

（2）请描述贵组织结构组成方式以及为实现这一角色而投入的资源。为了支持您的回复，请提供组织图表、统计数据、活动报告和其他任何有用的信息。

（3）国土交通部等有关地震风险和脆弱性的土地利用标准是哪一个？

（4）请描述日本土地利用政策的最新进展。哪些是变革的基本目标，变革的预期效果是什么？

（5）与日本以前的地震相关的土地利用政策的制定与地震风险评估相关的经验教训如何？请说明沟通和协调渠道。

（6）这些标准是否涉及地方/中央部门制定的风险评估？

（7）哪些是土地利用政策的执法机制？

A.3.c 抗震改造

（1）请描述在日本设计终端实施抗震改造政策的作用和职责？

（2）请描述贵组织的组织方式以及为实现这一作用而投入的资源。为了支持您的回复，请提供组织图、统计资料、活动报告和任何其他有用信息。

（3）请描述日本抗震改造政策中可能的新进展。哪些是变革的基本目标，改变的预期效果是什么？

（4）抗震改造政策的制定是如何与从以前日本境内外的地震中学得的地震风险评估和经验教训相联系？请说明沟通和协调渠道。

（5）现行的鼓励抗震改造的政策是哪一个？

1）公共建筑。

2）私人非住房建筑。

3）私人房屋。

4）其他建筑。

（6）这些行动是否与其他组织协调？请描述。

（7）是否制定了立法架构，以分配建筑物抗震改造的责任和义务。如果是，请描述。

（8）请告知有关建筑物抗震改造的现有或计划的研究项目以及用于此项活

动的资源。

A.3.d　自我评估

（1）如何评估日本当前在土地利用、建筑规范和抗震改造方面的立法框架？立法是否符合目的？

（2）在正确实施土地利用、建筑规范和抗震改造政策中是否有困难？如果有，请详细说明。

（3）通过吸取阪神-淡路大地震中公共部门权力下放等方面的经验，过去10年的法律和监管框架是如何演变的？

A.4　信息和预警

主要参与部门：日本气象厅、内阁办公室。

A.4.a　提高公众意识

（1）请描述贵组织在提高公众有关认识活动方面的作用和责任。

（2）请描述贵组织的组织方式以及为实现这一作用而投入的资源。为了支持您的回复，请提供组织图、统计资料、活动报告和任何其他有用信息。

（3）在提高认识活动中，有哪些行动者与贵组织合作？在国家级、省级还是县级？请描述协调和沟通渠道。

A.4.b　提高公共和私人参与者的意识

（1）请描述贵组织在公众（省级、市级）和私人参与者（基础设施经营者等）方面提高认识活动中的作用和责任。

（2）请描述贵组织的组织方式以及为实现这一作用而投入的资源。为了支持您的回复，请提供组织图、统计资料、活动报告和任何其他有用信息。

（3）在此类活动中，有哪些行动者与贵组织合作？在国家级、省级还是县级？请描述协调和沟通渠道。

A.4.c　警报

（1）请描述贵组织在地震警报方面的作用和责任。

（2）请描述贵组织的组织方式以及为实现这一作用而投入的资源。为了支持您的回复，请提供组织图、统计资料、活动报告和任何其他有用信息。

（3）在警报活动中，有哪些行动者与贵组织合作？在国家级、省级还是县级？请描述协调和沟通渠道。

A.4.d　自我评估

您如何评估日本人民防备大地震？过去10年的防备水平是否有上升或下降？

A.5　疏散救援

主要参与部门：私人组织、消防队、警察、防卫厅、厚生劳动省、医疗服务部。

A.5.a 作用和责任

（1）请描述贵组织在地震引起的疏散和救援活动中的作用和责任。

（2）请描述贵组织的组织方式以及为实现这一作用而投入的资源。为了支持您的回复，请提供组织图、统计资料、活动报告和任何其他有用信息。

（3）在疏散和救援活动中，有哪些行动者与贵组织合作？在国家级、省级还是县级？请描述协调和沟通渠道。

（4）疏散和救援计划的制订是如何与以前日本境内外地震的（特定人群的疏散）风险和脆弱性评估以及以往地震的经验教训相联系的？请说明沟通和协调渠道。

A.5.b 自我评估

（1）如何评估自己组织的响应能力？

（2）如何评估日本地震救援机构的整体响应能力？

（3）你认为人口在过去 10～20 年里是否有所改变，而且这对地震灾害的疏散和救援有何影响？请描述。

A.6 强化灾后恢复

主要实施部门：内阁办公室、保险业。

A.6.a 减缓地震损失

（1）请描述贵组织在鼓励制定连续作业预案方面所做出的努力。

1）中小企业。

2）大型企业。

3）基础设施的运营商。

（2）请描述政策工具（法律奖励、税收、提高认识、其他）。

（3）是否有其他政策可以减轻地震灾害所带来的经济损失？请描述。

（4）是否制定了针对个人的鼓励减缓地震损失的政策？请描述。

A.6.b 地震保险

（1）请描述日本当前的地震保险方案（日本家庭保险的普及率、保单范围、保险筹资、国家内涵等）。

（2）针对以下用户，是否有任何鼓励地震保险的政策：

1）业主。

2）中小型企业。

3）其他。

A.6.c 受害者的赔偿

（1）请描述应对受害者赔偿和重建的政策和立法。

（2）在所有重建费用中，哪些份额由个人、国家和私营企业支付？

A.6.d　自我评估

（1）你认为日本目前的补偿制度是否能够从"大型"地震（在东京大于7级的地震）中恢复？

（2）您认为目前的薪酬制度是否公平，还是特别受到某些群体或工商界的打击？

（3）过去10年有变化吗？未来20年的前景如何？

A.7　反馈和组织变革

主要参与部门：受影响的部门。

（1）请描述贵组织在反馈和组织变革方面的作用和职责。

（2）请描述贵组织的组织方式以及为实现这一作用而投入的资源。为了支持您的回复，请提供组织图、统计资料、活动报告和任何其他有用信息。

（3）在此类活动中，有哪些行动者与贵组织合作？在国家级、省级还是县级？请描述协调和沟通渠道。

（4）请注明此活动的结果是如何整合到现有政策中

1）其他政策层次（评估、决策等）。

2）不同的防震减缓规范（土地利用、建筑规范、抗震改造、研究等）。

3）有没有经验反馈导致组织变革的例子？请举例子。

4）国际惯例和经验是如何用于评估和制定日本的地震防备政策？

5）是否有为私营企业、非政府组织或公民对现有结构和政策提供反馈的渠道？请举例子。

B　省、市的问卷调查表

B.1　风险和脆弱性评估

（1）请描述贵组织在评估地震灾害风险和脆弱性以及将此信息传达给当地和区域利益相关（民众）者的作用和责任。

（2）在这些活动中，哪些是执行中央和省行政部门的决定，哪些决定是本地市政府的？

（3）履行这些责任的组织结构是什么？

（4）请提供数据说明本市有哪些具体资源可以用于这些职能（中央政府拨款、税收等）？

（5）请描述用于执行风险和脆弱性分析的方法和工具。你接受进行这种分析的培训吗？

（6）如何评估风险和脆弱性分析中使用的数据的质量？由谁收集这些数据？

（7）更新风险和脆弱性分析的频率是怎样的？

B.2　政策决策

B.2.a　资源分配

（1）请说明用于防备地震的资源占预算总支出的百分比。

（2）请说明贵组织在地震预防方面的支出的资金来源。这主要来自于地方政府预算，还是通过中央政府的拨款？后者是否授予（如有）指定用途（附加于预定措施）？

（3）预防和应急响应之间如何平衡预算？

B.2.b　战略性协调和监督

（1）请说明贵组织在地震的设计和实施预防与备灾政策方面的作用和责任。

（2）在这些活动中，哪些是执行中央和省行政部门的决定，哪些决定是来自市政府在这方面的唯一责任？

（3）履行这些责任的组织结构是什么？

（4）您所在市的相关职能（救援、建筑物和基础设施、教育、社会和卫生服务等）之间是如何在地震灾害风险方面进行合作的？

（5）在制定和实施政策时，请介绍与其他政府参与者之间的协调和沟通渠道（地方政府其他参与者、中央政府）。

B.3　框架条件

B.3.a　土地利用政策

（1）请注明与地震准备有关的主要原则和准则（和现行立法），以制定和实施土地利用政策。

（2）在制定土地利用政策时，贵组织是如何评估中央规定的回旋空间？

（3）如果有国家的土地利用原则和标准，中央政府如何监督地方（在你所在的省/市）实施？

B.3.b　建筑规范

（1）请说明与地震准备相关的主要原则和标准（和现行立法），以制定和实施建筑规范？

（2）中央政府如何鼓励和监督地方（在你所在的省/市）建筑规范的实施？

B.4　保护

（1）请描述贵组织所在的省/市的地震结构保护的主要政策。请说明这些政策是否是在省、市或国家层面设计的。

（2）履行这些责任的组织结构是什么？

（3）请提供有关市政府相关资源的具体资料（中央财政拨款、税收等）。

（4）谁负责维护地震防御结构？

B.5　信息和预警

（1）如何获取有关地震风险的信息、组织备灾活动的方法、必要的预防措施等？

（2）您是否与其他政府和/或私人参与者就这些问题交换信息，如果有，情况怎么样？

B.6　疏远与救援

（1）请说明贵组织在地震灾害中疏散和救援人口和结构方面的作用和责任？

（2）履行这些责任的组织结构是什么？

（3）请介绍参与疏散救援的县级和政府机构协调和沟通的主要渠道。

B.7　自我评估

B.7.a　一般情况

（1）您所在的市政府在预防和准备地震灾害方面面临的主要挑战是什么？其原因是什么？

（2）过去 10 年，地震的物理脆弱性和社会脆弱性是如何演变的？

（3）您希望本市在未来 10 年发生这些脆弱性如何演变？

B.7.b　自身能力

您如何评估自治市履行地震防灾责任的能力？

附录Ⅱ.3　访谈机构名单

1. 内阁办公室 Cabinet Office

2. 国土交通省 Ministry of Land，Infrastructure，Transport and Tourism

（1）河流局 River Bureau

（2）道路局 Road Bureau

（3）城市和区域发展局 City and Regional Development Bureau

（4）住宅局 Housing Bureau

（5）政府建筑署 Government Buildings Department

3. 消防与管理局 Fire and Disaster Management Agency

4. 文部科技省 Ministry of Education，Culture，Sports，Science and Technology

5. 日本气象厅 Japan Meteorological Agency

6. 地理测绘研究所 Geographical Survey Institute

7. 东京都政府 Tokyo Metropolitan Government

（1）总务局防灾司 Disaster Prevention Division，Bureau of General Affairs

（2）东京消防局 Tokyo Fire Department

8. 千代田区 Chiyoda City

9. 新宿区 Shinjuku City

10. 日本保险协会 The General Insurance Association of Japan

11. 东京海上日动火灾保险有限公司 Tokyo Marine & Nichido Fire Insurance Co. , Ltd

12. 日本非寿险费率厘定机构 Non－Life Insurance Rating Organization of Japan

13. 日本红十字会 Japanese Red Cross Society

14. 日本建筑业联合会 Japan Federation of Construction Contractors

15. 富士通有限公司 Fujitsu limited

16. 清水公司 Shimizu corporation

17. 大同 IT 有限公司 Daido IT Co. , Ltd

附录Ⅱ.4　评述小组名单（2007 年 11 月 7 日）

1. 加拿大

加拿大公共安全部战略规划部代理负责综合风险管理政策的亚历山大·马特尔

加拿大公共安全部战略规划部主任菲利普·汤普森

2. 丹麦

丹麦应急管理机构科长尼尔斯·雅克布森

丹麦应急管理机构高级顾问尼尔斯·马德森

丹麦应急管理机构民政部门准备司科长多特·朱尔 MUNCH

丹麦内政部和卫生部应急管理机构应急管理处处长亨利克·格罗森·尼耳森

内政部和卫生部单位负责人 Signe RYBORG

3. 法国

建立公共卢瓦尔河发展和对外关系主管冉格劳德埃乌德

4. 意大利

保护首相办公室路易吉·德安杰洛

部长理事会主席国全权公使阿戈斯蒂诺 MIOZZO

5. 日本

国土交通部河流局河流规划处副处长魏弥足立

发展研究所二级研究部门基础设施主任 Kazuhisa ITO

灾区管理办公室顾问 Goro YASUDA

6. 挪威

司法部和警署挪威民事保护和应急规划委员会（DSB）高级工程师/项目经理希尔德·博斯特罗姆·林德 LAND

7. 瑞典

社会服务部副主任名家奥尔坎·阿夫西

瑞典救援服务局项目负责人阿尔夫·罗斯贝格

瑞典船舶研究中心主任吉姆桑德维斯特

8. 英国

内阁办公室民事紧急秘书处副主任约翰·特什，代表布鲁斯·曼恩主任

9. 美国

美国国土安全部国家保护和计划局风险管理与分析办公室代理主任蒂娜·加布里埃利（未能出席）

参 考 文 献

Cabinet Office (2002), Disaster Management in Japan, Online document.

California Seismic Safety Commission (2001), Findings and Recommendations on Hospital Seismic Safety, State of California Seismic Safety Commission, Sacramento.

CalARP Program Seismic Guidance Committee (2004), Guidance for California Accidental Release Prevention Program Seismic Assessments, January 2004.

Central Disaster Management Council (2005), General Principles of Measures for Dealing with Major Earthquakes Centered in Tokyo.

Council of Local Authorities for International Relations (2004), Local Government in Japan.

Headquarters for Earthquake Research Promotion – HERP (2007), Seismic Activity in Japan – Regional perspectives on the characteristics of destructive earthquakes, online version, available at www. hp1039. jishin. go. jp/eqchreng/eqchrfrm. htm.

Hyogo Research Center for Quake Restoration (2005), Lessons from the Great Hanshin Earthquake, Kyoto, Creates – Kamogawa Publishers.

International Atomic Energy Agency (2007), Preliminary Findings and Lessons Learned from the 16 July 2007 Earthquake at Kashiwazaki – Kariwa NPP, Vienna: IAEA.

Kohara, M. , F. Ohtake and M. Saito (2006), "On effects of the Hyogo earthquake on household consumption: A note", Hitotsubashi Journal of Economics, 47: 2, pp. 219 – 228.

MEXT (2007), TITLE, http://www. mext. go. jp/b _ menu/houdou/19/06/07060507. htm (in Japanese) .

MLIT (2005), White Paper on Land, Infrastructure and Transport in Japan.

Netherlands Directorate – General for Public Safety and Security (2004), Performing Together for Public Safety and Security – An Introduction, Ministry of the Interior and Kingdom Relations, The Hague.

Okada, T. (2005), 'Improvement of Seismic Safety of Buildings and Houses', presentation at the World Conference on Disaster Reduction, Kobe, January 18 – 22.

OECD (2002), Economic Survey of Switzerland, Paris: OECD.

OECD (2003), A Methodological Framework for Evaluating Risk Management Policies. Background document, first meeting of the Steering Group of the OECD Futures Project on Risk Management Policies, 3 November 2003.

OECD (2005a), OECD Recommendation Concerning Guidelines on Earthquake Safety in Schools, Paris, OECD.

OECD (2005b), Economic Survey of Japan, Paris, OECD.

OECD (2006a), Economic Survey of Japan, Paris, OECD.

OECD (2006b), OECD Studies in Risk Management: Japan – Earthquakes, Paris, OECD.

参考文献

RAND Corporation (2002), Estimating the Compliance Costs for California SB1953, California Healthcare Foundation, Oakland.

RMS (2005), 1995 Kobe Earthquake 10 – Year Retrospective, Risk Management Solutions, Inc.

Sawada, Y. and S. Shimizutani (2007), "How Do People Cope with Natural Disasters? Evidence from the Great Hanshin – Awaji (Kobe) Earthquake in 1995", Journal of Money, Credit and Banking, forthcoming.

Shinozuka, M. (1995), "Summary of the Earthquake", in NCEER Response, Special Supplement to the January 1995 Issue of the NCEER Bulletin. National Center for Earthquake Engineering Research, University of New York at Buffalo.

Spence, R. (2004), "Strengthening School Buildings to Resist Earthquakes: Progress in European Countries", OECD (2005a) .

Suganuma, K. (2006), "Recent Trends in Earthquake Disaster Management in Japan", Quarterly Review of the Science and Technology Foresight Center, No. 19.

Tenth Year Restoration Committee (2005), Report of the 10 – Year Reconstruction, The Great Hanshin – Awaji Earthquake Memorial Research Institute, Kobe.

Uitto, J. I. (1998), "The geography of disaster vulnerability in megacities", Applied Geography, Vol. 18, No. 1. United States Geological Survey (2007), Earthquake "Top 10" Lists and Maps, http: //earthquake. usgs. gov/eqcenter/top10. php, accessed 5 October 2007.

Whittaker, A. , J. Moehle and M. Higashimo (1998), Evolution of Seismic Building Design Practice in Japan: The Structural Design of Tall Buildings, 7: 2, pp. 93 – 111.

Yamamoto, S. (2005), "Great Earthquakes Disaster – Prevention Measures for Houses and Buildings", presentation at the World Conference of Disaster Reduction, Kobe, January 18 – 22.